T0205196

# 50 DESCUBRIMIENTOS, IDEAS Y CONCEPTOS

## EN ASTRONOMÍA

# 50 DESCUBRIMIENTOS, IDEAS Y CONCEPTOS
## EN ASTRONOMÍA

Prólogo de
**Martin Rees**

Colaboradores
**Darren Baskill**
**Zachory K. Berta**
**Carolin Crawford**
**Andy Fabian**
**François Fressin**
**Paul Murdin**

**BLUME**

François Fressin

Título original:
*30-Second Astronomy*

Edición:
Jason Hook, Stephanie Evans

Texto de glosarios:
Charles Phillips

Texto de perfiles:
Viv Croot

Ilustraciones:
Ivan Hissey

Diseño:
Ginny Zeal

Traducción:
Dulcinea Otero-Piñeiro

Revisión científica y técnica
de la edición en lengua española:
David Galadí-Enríquez
Astrónomo
Doctor en Física

Coordinación de la edición
en lengua española:
Cristina Rodríguez Fischer

*Primera edición en lengua española 2013*


Av. Mare de Déu de Lorda, 20
08034 Barcelona
Tel. 93 205 40 00 Fax 93 205 14 41
E-mail: info@blume.net


ISBN: 978-84-9801-723-6

Impreso en China



WWW.BLUME.NET

# CONTENIDO


6 Prólogo
8 Introducción

**10 Los Planetas**
12 GLOSARIO
14 Mercurio
16 Venus
18 La Tierra
20 La Luna
22 Marte
24 Júpiter
26 **Biografía: Galileo**
28 Saturno
30 Urano y Neptuno

**32 El Sistema Solar**
34 GLOSARIO
36 El Sol
38 El viento solar
40 Éride, Plutón y planetas enanos
42 Asteroides
44 **Biografía: Copérnico**
46 Cometas
48 Meteoros

**50 Las Estrellas**
52 GLOSARIO
54 Color y brillo de las estrellas
56 Estrellas binarias
58 Estrellas variables
60 Estrellas gigantes
62 Enanas blancas
64 Púlsares
66 **Biografía: Jocelyn Bell Burnell**
68 Supernovas
70 Agujeros negros

**72 La Galaxia**
74 GLOSARIO
76 Constelaciones
78 Nubes moleculares y nebulosas
80 Objetos Messier
82 La Galaxia
84 **Biografía: Wilhelm Herschel**
86 Las otras galaxias
88 Estructuras extragalácticas

**90 El Universo**
92 GLOSARIO
94 La Gran Explosión
96 El universo en expansión
98 **Biografía: Edwin Hubble**
100 Fondo cósmico de microondas
102 Más allá de la luz visible
104 Rayos X cósmicos
106 Fuentes explosivas de rayos gamma
108 Cuásares
110 Materia oscura
112 Energía oscura

**114 Espacio y tiempo**
116 GLOSARIO
118 Años luz y pársecs
120 Elipses y órbitas
122 El espectro de la luz
124 Gravitación
126 Relatividad
128 Lentes gravitatorias
130 **Biografías: Fritz Zwicky**
132 Agujeros de gusano

**134 Otros mundos**
136 GLOSARIO
138 Extraterrestres
140 **Biografía: Carl Sagan**
142 Exoplanetas
144 Los júpiter calientes
146 Súper-Tierras y planetas oceánicos
148 Hacia otras Tierras
150 Signos de vida extraterrestre

152 APÉNDICE
154 Recursos
156 Sobre los autores de este libro
158 Índice
160 Agradecimientos

# PRÓLOGO
## Martin Rees

El firmamento nocturno es la parte más universal de nuestro entorno. A lo largo de la historia, la gente ha contemplado la misma «bóveda celeste», aunque cada cultura la haya interpretado a su manera. Desde los babilonios se han registrado patrones en los movimientos planetarios. La necesidad de contar con un calendario preciso y de navegar por los océanos conllevó avances en la medición del tiempo, la óptica y las matemáticas. De hecho, la astronomía siempre ha espoleado la tecnología. Y, gracias a telescopios inmensos, sondas y computadoras avanzadas, la comunidad astronómica actual ha descubierto el asombroso panorama cósmico que se describe en este libro.

A los teóricos, como yo mismo, les falta mucho para interpretar todo esto. Pero hemos conseguido progresos. Podemos trazar la historia del cosmos hasta sus misteriosos inicios hace unos 14 000 millones de años, cuando todo se encontraba comprimido y a una temperatura y una densidad mayores que cualquier cosa que se pueda crear en un laboratorio; conocemos a grandes rasgos cómo surgieron los primeros átomos, estrellas y galaxias. Sabemos que nuestro Sol es una estrella cualquiera entre los miles de millones de estrellas que conforman nuestra Galaxia; y que la Galaxia no es más que una de los muchos miles de millones de galaxias visibles a través de un telescopio grande. Es más, algunos teóricos especulan con la posibilidad de que todo ello oculte una degradación copernicana aún mayor: es casi seguro que la realidad física sea más amplia que lo que alcanzamos a observar; de hecho, «nuestra» Gran Explosión podría no ser más que una entre muchas.

Sin embargo, los avances recientes no solo han ampliado nuestros horizontes cósmicos, sino que también nos han revelado más detalles. Las sondas enviadas a otros planetas del Sistema Solar (y sus satélites) han retransmitido imágenes de mundos variados y particulares. Y lo que es más importante, la detección de cambios ligerísimos en el movimiento y el brillo de las estrellas nos ha permitido inferir que la mayoría de ellas tiene en órbita un conjunto de planetas, de igual modo que la Tierra y otros planetas conocidos para nosotros orbitan alrededor del Sol. En años venideros nos abrumará la recepción de nuevos datos fascinantes, tal vez incluso signos de vida alrededor de otras estrellas.

La astronomía despierta ahora más interés que nunca: sus hallazgos forman parte de la cultura moderna. Es más, el goce del descubrimiento hoy ya no se restringe a los

**El más brillante del vecindario**

*El planeta Venus es muy visible, en parte porque la luz del Sol se refleja con facilidad en las nubes de azufre que cubren su atmósfera. Venus es el planeta más próximo a la Tierra, y está al alcance de sondas espaciales para su estudio, pero su atmósfera tórrida y mortífera impide cualquier exploración humana de la superficie.*

profesionales, porque estos están desbordados por la mera cantidad de datos. Así que hay espacio para que los «ciudadanos científicos» tomen y descarguen datos de estudios realizados con los mejores telescopios del mundo y, tal vez, incluso logren descubrir una galaxia o un planeta desconocidos. Además, el empleo de telescopios pequeños unido a los instrumentos más novedosos permite a los aficionados serios emular lo que podían hacer los profesionales hace 50 años con telescopios mucho mayores.

Los detalles técnicos de cualquier ciencia moderna son enrevesados. Pero la esencia de cualquier descubrimiento se puede explicar en un lenguaje accesible. Sin embargo, resumir un concepto en 30 segundos es un desafío mayor, aunque los autores de esta obra lo han logrado con éxito. Este libro deberían leerlo con profusión quienes sientan fascinación por el extraordinario «zoológico» de objetos que pueblan el cosmos, un cosmos regido por las leyes físicas que permitieron la evolución de criaturas (en la Tierra y tal vez también en otros planetas) con mentes capaces de reflexionar sobre sus prodigios y misterios.

# INTRODUCCIÓN

François Fressin

Casi cada descubrimiento sobre el universo nos ha obligado a reconocer lo insignificante que es la Tierra. Comparada con el resto del universo, la Tierra apenas representa una gota de agua en los océanos, o un grano de arena en los desiertos. Casi en cada campo de estudio, la comunidad astronómica se ha visto sorprendida por las dimensiones de las estructuras astrofísicas, y por su diversidad.

Pero los hallazgos astronómicos también revelan la estrecha conexión que mantenemos con el cosmos. Al indagar en el Sistema Solar, constatamos la relación que mantienen sus partes constitutivas con la aparición de la vida en la Tierra y con su evolución. Los cometas trajeron las enormes cantidades de agua que formaron los océanos terrestres. La Luna frenó la rotación de la Tierra e influye en las mareas y las estaciones. Júpiter dispersó asteroides que de otro modo habrían causado graves impactos en la Tierra. Nuestro vínculo con las estrellas es aún más firme. El aire que respiramos, el hierro que portamos en la sangre, el carbono de nuestra carne, todos esos elementos proceden del núcleo de una estrella que feneció miles de millones de años atrás.

La astronomía se mueve en una extraña dualidad entre la insignificancia y la excelencia. Una vida humana se acerca mucho a la nada dentro de la inmensidad del espacio y el transcurso de las eras. Pero en ningún lugar ni época ha existido jamás nadie exactamente igual que usted. Si definimos la espiritualidad como el camino interior que permite a una persona descubrir la esencia de su ser, entonces la astronomía es decididamente una experiencia espiritual.

Los temas que se abordan en este libro le brindarán una idea sobre esta inmensidad y diversidad casi inconcebibles. Resulta bastante sencillo pensar en unicornios, poderes psíquicos o ciudades flotantes. Pero ¿somos capaces de imaginar objetos tan masivos que distorsionan el espacio y el tiempo; una energía oscura que desgarra todo el universo; que la anchura de un dedo sostenido al frente contra el cielo abarca millones de galaxias, formadas cada una de ellas por miles de millones de estrellas semejantes al Sol, o que vivimos sobre una bola de barro que flotará eternamente por el vacío? Cuesta un poco más imaginar cualquiera de estas posibilidades y, sin embargo, todas ellas reflejan el mundo real.

Con frecuencia consideramos a los científicos como personas carentes de emociones y muy lógicas que prefieren averiguar qué hay detrás de las cosas, antes

**Planetas gigantes**
*La comunidad astronómica no supo siquiera de la existencia de Urano y Neptuno, a pesar de su tamaño, hasta la invención del telescopio.*

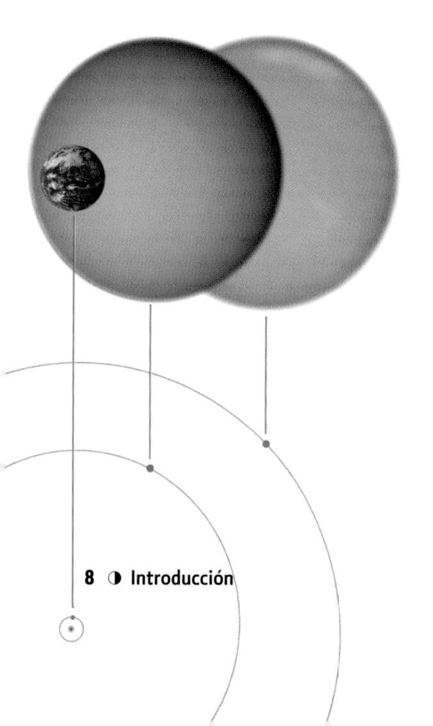

que contemplar sin más la belleza del mundo; o que intentan desentrañar un misterio en lugar de considerarlo sagrado, intocable. Yo creo que la comprensión del mundo natural no reduce en absoluto su capacidad para causar admiración.

Este libro presenta 50 descubrimientos astronómicos de primer orden, resumidos por expertos de prestigio en distintos campos de estudio de la astronomía que aceptaron el desafío de concentrar cada tema de un modo que fuera a la vez sucinto, accesible y acorde con la explicación actual de cada fenómeno astrofísico.

Los temas se agrupan en siete apartados organizados aproximadamente de acuerdo con su distancia a la Tierra y la antigüedad del descubrimiento. El primero de todos ellos se titula **Los planetas**, los mundos de nuestro vecindario. El segundo describe el resto de los objetos del **Sistema Solar**, como cometas y asteroides, que pululan en esa pequeña fracción del espacio donde todo gira alrededor del Sol. La tercera parte se centra en **las estrellas**, sobre todo en el impresionante final de su existencia, que en ocasiones da lugar a explosiones de supernova y a la formación de púlsares o agujeros negros. En **La Galaxia** se describen los objetos del firmamento nocturno y se explica cómo se organizan millones de estrellas para dar lugar a galaxias. La quinta parte, **El universo**, reúne los conocimientos actuales sobre los inicios del tiempo, sobre la Gran Explosión, y sobre los ancestros de estrellas y galaxias. El apartado **Espacio y tiempo** traza los principios que rigen los movimientos de los objetos astrofísicos, y todo lo que revela el estudio de la luz que nos llega de ellos. La última sección, **Otros mundos**, nos traslada hasta el comienzo, cuando los seres humanos de la Tierra observaban el firmamento y se planteaban si habría otros planetas como el nuestro y otras formas de vida. En ella se presenta el reciente hallazgo de planetas en órbita alrededor de otras estrellas. Cada apartado aporta unas pinceladas sobre un precursor de la investigación de cada materia mediante un resumen de la vida de científicos excepcionales como Edwin Hubble o Carl Sagan.

Este libro aúna dos propósitos. Su estructura y enfoque permiten zambullirse en una entrada al azar y conocer qué es en realidad un agujero negro, o qué busca en Marte el vehículo Curiosity. Pero este volumen también se puede leer desde el principio hasta el final para adquirir una visión de conjunto sobre el estado actual de los conocimientos científicos acerca del universo. Así como en realidad no nos conocemos a nosotros mismos hasta que interactuamos con los demás, ni conocemos el país en el que vivimos hasta que viajamos y residimos en otro, la consideración de otros planetas y la contemplación de la Tierra dentro de la inmensidad del espacio tal vez representen un pequeño paso adelante hacia la formación de una conciencia de lo que significa ser moradores de este mundo.

**Un final impactante**
*Las estrellas gigantes son mucho más luminosas y menos longevas que las enanas, que se consumen más despacio. Cuanto más grande es una estrella, más breve es su existencia, que termina en una explosión de supernova y deja tras de sí una estrella de neutrones o un agujero negro.*

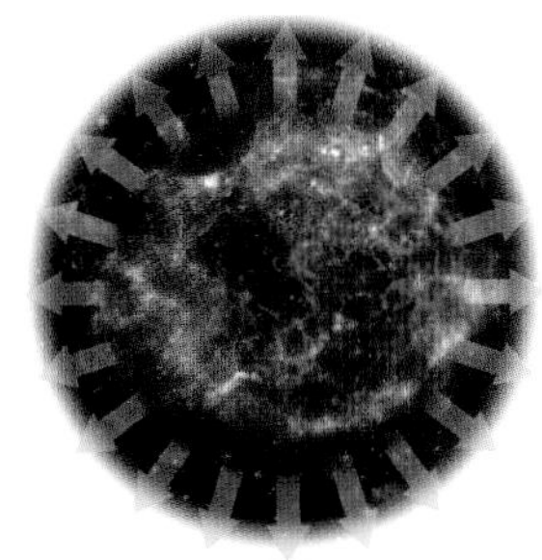

LOS PLANETAS

## LOS PLANETAS
GLOSARIO

**atmósfera** Capa gaseosa que envuelve un planeta o cualquier objeto celeste con suficiente masa, incluso una estrella; la capa conserva su forma debido a la gravitación.

**biomasa** Materia biológica procedente de organismos vivos o muertos recientemente.

**corteza** La parte exterior sólida de un planeta o satélite natural.

**desgasificación** Liberación del gas absorbido, congelado o atrapado de cualquier otro modo en una superficie planetaria como un océano o una zona rocosa.

**efecto invernadero** Proceso mediante el cual el calor que incide sobre la superficie de un planeta se absorbe y se irradia posteriormente hacia fuera en todas direcciones (también de vuelta hacia la superficie) debido a los gases de la atmósfera. Como resultado, sube la temperatura de la superficie y de la región situada por debajo de los gases atmosféricos. La Tierra experimenta un efecto invernadero, pero también otros planetas, como Venus, con un efecto invernadero mucho más intenso que el de la Tierra.

**gigante gaseoso** Planeta grande formado sobre todo de gases, en lugar de rocas. Los cuatro gigantes gaseosos del Sistema Solar son Júpiter, Saturno, Urano y Neptuno. Fuera del Sistema Solar también hay gigantes gaseosos que orbitan alrededor de otras estrellas.

**lluvia de meteoros o meteórica** Aparición de muchos meteoros muy seguidos.

**manto** Capa de unos 2900 km de grosor situada entre la parte externa del núcleo terrestre y la superficie del planeta (corteza).

**mar lunar *(mare)*** Zonas de lava basáltica en la superficie de la Luna. (El basalto es una roca ígnea entre gris y negra). Los primeros astrónomos relacionaron erróneamente estas regiones con extensiones de agua y les dieron el nombre latino *mare*, es decir, «mar». Hay varias zonas de este tipo, como Mare Nubium («mar de las Nubes») y Mare Serenitatis («mar de la Serenidad»); juntos conforman alrededor del 16 % de la superficie de la Luna. Se aprecian a simple vista como áreas oscuras sobre el disco lunar, y conforman las manchas que algunas culturas han interpretado como «la cara de la Luna».

**meteorito** Meteoroide que llega hasta la superficie de un satélite o un planeta.

**meteoro** Nombre que recibe el trazo de luz causado por la incineración de un fragmento de roca o una partícula de polvo al atravesar la atmósfera de un planeta; popularmente se conoce como «estrella fugaz».

**meteoroide** Cuerpo rocoso del Sistema Solar menor que un asteroide.

**nicho ambiental** Conjunto de condiciones idóneas para una especie biológica concreta.

**núcleo** Parte central de un planeta o estrella.

**órbita terrestre baja** Órbita alrededor de la Tierra situada a una altitud de entre 145 y 1000 km. Todos los vuelos espaciales tripulados, salvo los del programa Apollo, todas las estaciones espaciales tripuladas y la mayoría de los satélites artificiales se encuentran en una órbita terrestre baja.

**placas tectónicas** Piezas móviles de la corteza de un planeta y algunas partes del manto superior (la capa situada justo debajo de la corteza).

**programa Apollo** Iniciativa de la Administración Nacional para la Aeronáutica y el Espacio (NASA) de Estados Unidos para llevar un hombre a la Luna, que comenzó en 1961 y comprendió 17 misiones entre 1967 y 1972. La nave Apollo 11 fue la primera en efectuar un aterrizaje tripulado sobre la superficie de la Luna, el 20 de julio de 1969; la nave Apollo 17 realizó el último vuelo de este programa espacial en diciembre de 1972. A lo largo del programa se efectuaron seis aterrizajes sobre la superficie lunar, durante los cuales 12 astronautas estadounidenses pisaron la Luna.

**protoplanetas** «Embriones» planetarios o fragmentos iniciales de la formación de un planeta dentro de un disco protoplanetario (la nube de polvo y gas que circunda una estrella recién formada). Aparecen a partir de la colisión de planetésimos menores. Cuando hay varios en la órbita de una estrella, se producen colisiones que dan lugar a uno o más planetas.

**regolito** Cualquier mezcla disgregada, como suelo o trozos de piedra, que cubre roca sólida. Se encuentra en la Tierra, la Luna y otros planetas, satélites y asteroides.

**satélite natural** Objeto celeste que orbita alrededor de un planeta (o de un cuerpo menor), llamado «objeto primario». El de la Tierra ocupa el quinto puesto entre los satélites naturales del Sistema Solar, precedido por Ganímedes (el mayor de todos, satélite de Júpiter), Titán (el segundo de la lista, satélite de Saturno) y Calisto e Ío (que ocupan el tercer y cuarto puestos y son satélites de Júpiter).

**sistema de anillos** También llamado *anillo planetario*, es una estructura de polvo y fragmentos (de hasta varios metros) en forma de disco que orbita alrededor de un planeta. El más conocido del Sistema Solar gira en torno a Saturno, pero Neptuno, Urano y Júpiter también tienen.

**tenue** Aplicado a la atmósfera de un planeta, de escasa densidad.

# MERCURIO

astronomía en 30 segundos

Mercurio es el más pequeño de los ocho planetas, con un diámetro de 4879 km. Como es el planeta más próximo al Sol, también es el que completa su órbita más deprisa: da una vuelta al Sol en 88 días terrestres. Ejecuta una rotación sobre su eje en relación con las estrellas cada 59 días, de forma que da tres giros sobre su eje cada vez que efectúa dos órbitas alrededor del Sol. Presenta un calendario muy extraño debido a la forma en que rota en relación con el Sol mientras orbita: un solo día de Mercurio (desde la salida hasta la puesta del Sol) dura dos años mercurianos, o 176 días terrestres. Mercurio no presenta estaciones y posee el mayor rango de temperaturas de todos los planetas del Sistema Solar: de 400 °C a mediodía en el ecuador, a -200 °C en los polos durante la noche. En el fondo de los cráteres polares, sometidos a una oscuridad perpetua, imperan temperaturas especialmente bajas y hay acumulaciones de hielo. Mercurio posee una superficie sólida y repleta de cráteres, muy similar a la de la Luna. Tiene una atmósfera tenue, de densidad muy escasa, y que consiste en átomos capturados del Sol o liberados de su tórrida superficie. Los cráteres de Mercurio se formaron del mismo modo que los de la Luna, debido al impacto de asteroides y meteoros.

**EXPLOSIÓN EN 3 SEGUNDOS**

Mercurio, que lleva el nombre del mensajero de los dioses de la Antigüedad romana, es un planeta veloz y de temperaturas extremas: altísimas de día y gélidas de noche.

**ÓRBITA EN 3 MINUTOS**

La órbita de Mercurio es la más elíptica de todos los planetas del Sistema Solar, así como la más próxima al Sol, de modo que experimenta grandes variaciones en el empuje gravitatorio. Esto convierte su órbita en un banco de pruebas para la teoría de la gravitación. Dicha órbita no concuerda a la perfección con la teoría de Isaac Newton, pero la anomalía se resolvió con la teoría de la gravitación de Einstein, conocida como relatividad general, y esa fue la primera demostración de que la teoría de la relatividad es mejor que la de Newton.

**TEMAS RELACIONADOS**

*Véanse* también
LA LUNA
página 20
ELIPSES Y ÓRBITAS
página 120
GRAVITACIÓN
página 124
RELATIVIDAD
página 126

**MINIBIOGRAFÍAS**

ALBERT EINSTEIN
1879-1955
Físico teórico germano-suizo-estadounidense.

**TEXTO EN 30 SEGUNDOS**

Paul Murdin

***Como Mercurio posee una atmósfera insuficiente para actuar como manto aislante, las temperaturas en él se desploman cientos de grados cuando cae la noche.***

# VENUS

## astronomía en 30 segundos

Venus tiene un tamaño muy similar al de la Tierra, con un diámetro de 12 104 km. Orbita alrededor del Sol por el interior de la órbita terrestre y completa cada una de esas vueltas en 224 días, mientras que rota cada 243 días (en sentido inverso). Al igual que la Tierra, Venus posee atmósfera, pero la de Venus es tórrida, densa y consiste sobre todo en dióxido de carbono, lo que da lugar a un intenso efecto invernadero que deja pasar el calor del Sol hasta la superficie pero lo retiene atrapado. En consecuencia, la temperatura en Venus asciende a una media de 480 °C, suficiente para fundir el cinc. Observada desde el exterior, la atmósfera alberga nubes opacas que ocultan por completo la superficie; vista desde dentro, revela un cielo amarillo como el azufre, tal como fotografiaron los vehículos espaciales que aterrizaron allí para estudiar el entorno. Venus se ha cartografiado mediante un radar que atraviesa las nubes tanto desde la Tierra como desde un satélite espacial llamado Magellan (1990-1994). La superficie está completamente seca y consiste en rocas volcánicas negras y escamosas. Venus alberga más de 100 volcanes con ríos solidificados de lava en sus laderas. La mayoría de los volcanes terrestres se deben al magma ascendente que accede a la superficie por los bordes de placas tectónicas en colisión. Venus carece de tectónica de placas y los volcanes se alimentan a través de puntos frágiles de la superficie.

**EXPLOSIÓN EN 3 SEGUNDOS**

En algunos aspectos Venus es un planeta gemelo a la Tierra, pero las catástrofes globales han convertido la superficie en un infierno de roca caliente bajo un cielo sulfuroso.

**ÓRBITA EN 3 MINUTOS**

Los vehículos espaciales que se envían a Venus deben reforzarse para que soporten la elevada presión atmosférica (90 veces superior a la terrestre) y la lluvia de ácido sulfúrico que se precipita desde las nubes. Asimismo deben soportar un calor abrasador. Los artefactos que han sobrevivido al descenso y han aterrizado sobre la superficie de rocas sin estrellarse solo han funcionado durante una hora aproximadamente. La existencia de extraterrestres venusianos parece improbable.

**TEMAS RELACIONADOS**

*Véanse* también
METEOROS
página 48
EXTRATERRESTRES
página 138

**MINIBIOGRAFÍAS**

CARL SAGAN
1934-1996
Astrónomo estadounidense que identificó el efecto invernadero de Venus.

**TEXTO EN 30 SEGUNDOS**

Paul Murdin

***Aunque Venus se vea como una mancha oscura cuando se perfila contra el Sol durante su tránsito, las sondas espaciales lo muestran como un desierto volcánico.***

# LA TIERRA

## astronomía en 30 segundos

La Tierra es una esfera densa de hierro y roca, el mayor cuerpo sólido del Sistema Solar. Se formó hace 4500 millones de años a partir de una masa de polvo y gas que quedó tras la formación del Sol. Aunque la compactación de la Tierra finalizó prácticamente en 10 millones de años, en rigor su formación aún no ha concluido, porque la Tierra aún presenta actividad geológica. La corteza terrestre se encuentra dividida en 15 segmentos llamados placas tectónicas que miden entre 5 y 50 km de grosor, y todas ellas flotan lentamente sobre un manto de silicatos. Bajo el manto reside un núcleo de hierro-níquel. La superficie de la Tierra, esa fina capa sobre un objeto rocoso y pequeño que orbita alrededor de una estrella, un fenómeno muy común en los arrabales de una galaxia cualquiera, es hasta la fecha el único lugar que sepamos que albergue vida. La vida apareció en la Tierra durante los primeros mil millones de años de su historia y evolucionó hasta dar lugar a millones de especies. La vegetación es la forma de vida dominante en la Tierra, al menos en términos de biomasa e impacto ambiental. Ha modificado la composición atmosférica y podría detectarse desde el espacio lejano gracias a su reflectividad característica en el infrarrojo.

**EXPLOSIÓN EN 3 SEGUNDOS**

El astrónomo Carl Sagan dijo de la Tierra: «Ahí está. Es nuestro hogar. Somos nosotros... una mota de polvo suspendida en un rayo de sol».

**ÓRBITA EN 3 MINUTOS**

Desde que los primeros satélites artificiales tomaron fotografías de la Tierra, la hemos llamado con frecuencia «el planeta azul» debido al predominio en ella de océanos azules. Sin embargo, el agua representa tan solo el 0.02 % de la masa de la Tierra; los océanos son como un manto fino de papel azul que cubre una bola marrón. Y tan solo el 0.01 % del agua de la Tierra está accesible en forma de agua dulce, de la que dependen millones de especies, incluido el *Homo sapiens*.

**TEMAS RELACIONADOS**


*Véanse* también
SÚPER-TIERRAS Y PLANETAS OCEÁNICOS
página 146
HACIA OTRAS TIERRAS
página 148


**MINIBIOGRAFÍAS**

CARL SAGAN
1934-1996
Astrónomo, astrofísico y escritor estadounidense.

**TEXTO EN 30 SEGUNDOS**

François Fressin

***El planeta Tierra es una bola de barro y metal cubierta por una capa fina de agua.***

# LA LUNA

astronomía en 30 segundos

Aunque estemos muy acostumbrados a verla, la Luna es uno de los objetos más peculiares del Sistema Solar. Es el quinto satélite natural más grande del Sistema Solar y el mayor en relación con su planeta. Es probable que la Luna se formara como resultado del impacto de un objeto del tamaño de Marte contra una Tierra recién formada. Los fragmentos dispersos que quedaron tras el choque, tanto de la Tierra como del objeto en sí, formaron la Luna. Cuando esta empezó a orbitar alrededor de la Tierra, se fue desplazando poco a poco hasta adoptar una órbita más alejada y una rotación sincronizada, lo que significa que rota alrededor de su eje al mismo tiempo que completa una órbita alrededor de la Tierra y, por tanto, siempre nos muestra la misma cara. El influjo más notorio de la Luna en la Tierra es la fuerza mareal que hace que la Tierra se estire en la dirección de la Luna, debido a que la fuerza gravitatoria se intensifica en la parte de la Tierra más próxima a la Luna y, como resultado, se produce la subida de las mareas oceánicas. Solo 21 humanos han viajado más allá de una órbita baja de la Tierra, todos entre los años 1969 y 1972, durante el programa lunar Apollo, con lo que nos brindaron una idea de lo que podría ser una civilización espacial.

**EXPLOSIÓN EN 3 SEGUNDOS**

La Luna es el satélite natural de la Tierra y el destino más lejano al que han llegado los seres humanos.

**ÓRBITA EN 3 MINUTOS**

La Luna carece de atmósfera y tiene la superficie repleta de impactos de meteoros. La mayoría de los mares lunares *(maria)* se encuentran en el hemisferio visible desde la Tierra y, en realidad, consisten en llanuras basálticas formadas por erupciones volcánicas antiguas. La superficie está cubierta de partículas muy pequeñas de la corteza, llamadas regolito, que le confieren la reflectividad del carbón. La distancia que media entre la Luna y la Tierra varía a lo largo de su recorrido orbital, pero asciende a un promedio de 384 400 km.

**TEMAS RELACIONADOS**

*Véase* también
LA TIERRA
página 18

**MINIBIOGRAFÍAS**

NEIL ARMSTRONG
1930-2012
Exastronauta de la NASA; el primer hombre que pisó la Luna.

EDWIN EUGENE *BUZZ* ALDRIN
1930-
Exastronauta de la NASA, el segundo en pisar la Luna.

**TEXTO EN 30 SEGUNDOS**

François Fressin

***Buzz Aldrin, piloto del módulo lunar de la nave Apollo 11, y el segundo hombre que pisó la Luna, describió el paisaje como una «magnífica desolación».***

# MARTE

## astronomía en 30 segundos

Marte, el planeta que sigue a la Tierra a medida que nos alejamos del Sol, tiene un año de 687 días terrestres y rota en algo más de 24 horas. Es más pequeño que la Tierra, con 6792 km de diámetro, pero posee tanto la montaña más alta de todo el Sistema Solar (el volcán Olympus Mons, de 22 000 metros de altitud), como un sistema de cañones, Valles Marineris, que en algunos puntos es diez veces mayor que el Gran Cañón de Arizona. Marte posee casquetes polares formados por hielo de agua y hielo seco (dióxido de carbono sólido) estratificados, que crecen y decrecen a lo largo de las estaciones. En algunas partes de la superficie se forma hielo durante las gélidas noches y desaparece con el sol de la mañana. Aunque posee una atmósfera tenue, los vientos de la superficie generan tormentas de polvo capaces de abarcar todo el planeta. Por las paredes de algunos precipicios discurren pequeños regueros de agua debido al hielo que se funde bajo la superficie. El agua abundó más en el pasado de Marte. Algunos cráteres formados por meteoros albergaron lagos y aún quedan llanuras de inundación con cantos rodados debidas a la irrupción del agua liberada tras el derrumbamiento de un tapón de hielo. En Marte imperan unas condiciones extremas, pero este planeta alienta la esperanza de encontrar vida extraterrestre en algún nicho ambiental.

**EXPLOSIÓN EN 3 SEGUNDOS**

Marte es el planeta más parecido a la Tierra del Sistema Solar. Tiene hielo, llanuras desérticas, cordilleras, volcanes y cañones.

**ÓRBITA EN 3 MINUTOS**

Marte posee un campo magnético débil, pero, tal como ha revelado el magnetismo residual de rocas marcianas antiguas, fue más intenso en el pasado. El campo magnético de un planeta se debe a la circulación de un núcleo de hierro líquido. Marte se desecó por una catástrofe global desencadenada por la pérdida del campo magnético cuando se solidificó el pequeño núcleo de hierro, lo que permitió que el viento solar penetrara en la atmósfera de Marte y la erosionara.

**TEMAS RELACIONADOS**

*Véanse* también
EL VIENTO SOLAR
página 38
EXTRATERRESTRES
página 138)

**MINIBIOGRAFÍAS**

PERCIVAL LOWELL
1855-1916
Astrónomo estadounidense, fundador del Observatorio Lowell (Flagstaff, Arizona) para el estudio de Marte.

**TEXTO EN 30 SEGUNDOS**

Paul Murdin

***El todoterreno Sojourner (11 kg), que exploró la superficie de Marte en 1997, se queda minúsculo frente al todoterreno Curiosity (1 tonelada), que aterrizó en el planeta en 2012.***

# JÚPITER

astronomía en 30 segundos

El gélido Júpiter se encuentra cinco veces más alejado del Sol que la Tierra y tarda 11.86 años terrestres en recorrer una sola órbita. Contiene más del doble de la masa conjunta del resto de los objetos planetarios que conforman el Sistema Solar. A pesar de tener un volumen más de 1300 veces mayor que el de la Tierra, Júpiter completa una rotación en menos de 10 horas, lo que lo achata ligeramente por los polos. Júpiter no es un objeto sólido, sino que se compone de los elementos más ligeros del universo, sobre todo de hidrógeno y helio. La «superficie» visible de Júpiter solo está formada por las nubes más elevadas de las regiones superiores de su atmósfera; hacia abajo el gas soporta una compresión progresiva debida al peso de las capas superiores y se torna más caliente y denso, hasta llegar a una capa de hidrógeno líquido que envuelve un núcleo rocoso con una masa diez veces mayor que la de la Tierra. Los desplazamientos atmosféricos provocados por la energía solar y el calor interno crean complejos patrones meteorológicos en las nubes, las cuales se ciñen alrededor del planeta debido a la rápida rotación, y forman coloridas bandas paralelas al ecuador. Muchas tormentas aparecen y desaparecen, pero todas se quedan enanas al lado de la Gran Mancha Roja, un huracán tan grande que afectaría la suprefície de dos planetas como la Tierra.

**EXPLOSIÓN EN 3 SEGUNDOS**

Júpiter es el mayor planeta del Sistema Solar; por su profunda atmósfera es el arquetipo de los planetas gigantes gaseosos.

**ÓRBITA EN 3 MINUTOS**

Júpiter cuenta con una pluralidad de más de 60 satélites naturales. Galileo descubrió los cuatro mayores, Ganímedes, Calisto, Ío y Europa, en 1610, y las observaciones que realizó de sus movimientos alrededor del planeta gigante lo convencieron de que es el Sol, y no la Tierra, el astro situado en el centro del Sistema Solar. Estos cuatro satélites mayores tienen un tamaño parecido al de nuestra Luna, pero todos los demás son mucho más pequeños y presentan formas irregulares.

**TEMAS RELACIONADOS**

*Véanse* también
GALILEO
página 26
SATURNO
página 28
URANO Y NEPTUNO
página 30

**MINIBIOGRAFÍAS**

GALILEO GALILEI
1564-1642
Astrónomo italiano.

**TEXTO EN 30 SEGUNDOS**

Carolin Crawford

***Júpiter, con un diámetro de 142 700 km en el ecuador, supera con creces el tamaño de la Tierra.***

564
Nace en Pisa

1581
Estudia medicina en la Universidad de Pisa

1586
Inventa la balanza hidrostática

Hacia 1592
Inventa el termoscopio

1592-1610
Enseña matemáticas, mecánica y astronomía en la Universidad de Padua

1610
Publica *Sidereus nuncius (El mensajero sideral)*, un tratado breve en el que describe sus observaciones telescópicas

1612
Observa Neptuno, pero no repara en que es un planeta

1616
Primera explicación del movimiento de las mareas en *Discorso del flusso e reflusso del mare (Discurso sobre el flujo y reflujo del mar)*, base del *Dialogo* posterior.

1616
Observa los anillos de Saturno

1616
Defiende el heliocentrismo frente a la Inquisición de Roma

1617
Observa la estrella doble Mizar en la Osa Mayor

1623
Publica *Il saggiatore (El ensayador)*

1632
Publica *Dialogo dei due massimi sistemi del mondo (Diálogo sobre los dos máximos sistemas del mundo, ptolemaico y copernicano)*, una defensa de las teorías heliocéntricas

1633
La Inquisición de Roma lo declara culpable de herejía y lo condena a arresto domiciliario

1634-1638
Escribe *Discorsi e dimostrazioni matematiche, intorno a due nuove scienze (Consideraciones y demostraciones matemáticas sobre dos nuevas ciencias)*, un resumen de su trabajo sobre la resistencia de los materiales y la geometría del movimiento

1638
Se queda ciego

1642
Muere en Florencia

1718
Se levanta la prohibición de editar sus obras

1835
Sus obras se retiran del Índice de Libros Prohibidos de la Iglesia católica

# GALILEO

Galileo Galilei, matemático, astrónomo, físico, artista, músico, profesor, médico, inventor y escritor, fue el último gran hombre del Renacimiento. Hijo de un músico, y él mismo gran músico, empezó estudiando medicina en Pisa, aunque pronto se sintió atraído por las matemáticas y la física y acabó desviándose hacia el arte y el dibujo. A lo largo de su vida Galileo se vio acosado por los apuros económicos familiares y constantemente intentó inventar artilugios que le reportaran dinero, como el termoscopio, un antecesor del termómetro, y una brújula militar.

Aunque fue uno de los grandes partícipes de la revolución científica que se produjo en el siglo XVII (Albert Einstein lo llamó el padre de la ciencia moderna, y es famoso por sus trabajos sobre la física de la caída de los cuerpos), se lo conoce más como astrónomo y cartógrafo de la Luna. Mejoró el telescopio desarrollado por el fabricante de lentes germanoholandés Hans Lippershey (1570-1619) y observó, identificó y registró las fases de Venus y los cuatro satélites mayores de Júpiter, aparte de manchas en el Sol. También descubrió que la Vía Láctea está formada por miles de millones de estrellas. Aquellas primerísimas observaciones del cielo con telescopio aparecen detalladas en su tratado *El mensajero sideral* (1610).

Galileo fue un defensor acérrimo de las teorías heliocéntricas de Copérnico, quien planteó que la Tierra, la Luna y los planetas giran alrededor del Sol; Galileo usó sus observaciones para apoyar esta teoría después de que la Inquisición de Roma concluyera en 1616 que la estructura heliocéntrica era imposible. A pesar de la advertencia de que no lo hiciera, Galileo (que tenía muy mal genio y una agudeza mordaz, y sentía un gran desprecio por la autoridad) publicó en 1632 el *Diálogo sobre los dos máximos sistemas del mundo, ptolemaico y copernicano*. Previamente ya había desafiado a la autoridad y promovido la experimentación en su obra de 1623 titulada *El ensayador* (considerada en la actualidad como su manifiesto científico), de gran éxito en la época. Su *Diálogo* se interpretó como un insulto al papa Urbano VIII, cada vez más paranoico, de modo que la Iglesia católica desató su cólera sobre la cabeza de Galileo. La Inquisición lo juzgó y lo encontró «altamente sospechoso de herejía»; tras amenazarlo con someterlo a tortura, se retractó a regañadientes, pero lo condenaron a arresto domiciliario perpetuo, y sus obras se incluyeron en el Índice de Libros Prohibidos. El mundo tendría que esperar hasta comienzos del siglo XX para leer las obras de Galileo y ver que se han confirmado sus propuestas.

# SATURNO

astronomía en 30 segundos

Saturno, un gigante gaseoso y el segundo mayor planeta del Sistema Solar, sobrepasa el volumen equivalente a 700 Tierras, pero posee una masa tan solo 95 veces mayor. Es el planeta menos denso de todos (incluso menos que el agua en la Tierra). Su honda atmósfera se compone de hidrógeno y helio, y envuelve un pequeño núcleo de roca; la veloz rotación aplasta la atmósfera y la hace un 10 % más ancha en el ecuador que en los polos. Las diferencias en el ritmo de rotación del planeta indican que los días de Saturno son 25 minutos más largos en los polos que en el ecuador. Saturno posee más de 60 satélites naturales, que van desde lunitas minúsculas inferiores a un kilómetro de ancho hasta el gigantesco Titán, cuyo diámetro alcanza los 5150 km, lo que lo hace mayor que Mercurio. Titán es parecido a la Tierra: tiene una atmósfera estratificada y es el único objeto conocido del Sistema Solar, aparte de nuestro planeta, que alberga líquido estable en la superficie. Muchos de los satélites menores de Saturno, como Febe, presentan características orbitales que apuntan a que en su origen eran asteroides que quedaron capturados por la gravitación de Saturno.

**EXPLOSIÓN EN 3 SEGUNDOS**

Saturno, el planeta más lejano conocido desde la Antigüedad, es popular por su sistema de anillos y por su variado séquito de satélites.

**ÓRBITA EN 3 MINUTOS**

Los anillos de Saturno se componen de trozos de hielo y roca, restos de un satélite hecho añicos por fuerzas gravitatorias hace 100 millones de años. Los anillos, que abarcan unos 6400 km sobre el ecuador del planeta, solo miden 100 metros de grosor. Durante el viaje de 29 años y medio que realiza Saturno alrededor del Sol, va cambiando la inclinación de los anillos observados desde la Tierra. Cuando se orientan de frente, los vemos con toda su anchura; cuando se colocan de perfil, son casi invisibles.

**TEMAS RELACIONADOS**

*Véanse* también
JÚPITER
página 24
ASTEROIDES
página 42

**MINIBIOGRAFÍAS**

GIOVANNI CASSINI
1625-1712
Astrónomo francoitaliano que descubrió cuatro de los satélites de Saturno.

CHRISTIAAN HUYGENS
1629-1695
Astrónomo neerlandés que descubrió Titán.

**TEXTO EN 30 SEGUNDOS**

Carolin Crawford

***Los anillos de Saturno no son una estructura sólida; están formados por billones de objetos de roca y hielo que orbitan alrededor del planeta. Su tamaño varía desde el de un grano de arena hasta el de una roca pequeña.***

# URANO Y NEPTUNO

## astronomía en 30 segundos

Urano y Neptuno, los planetas más remotos del Sistema Solar, orbitan alrededor del Sol a distancias 19 y 30 veces, respectivamente, mayores que la Tierra. Como consecuencia, ambos son mundos gélidos. En sus nubes imperan unas temperaturas aproximadas de -200 °C, y tardan 84 y 165 años terrestres en completar un giro orbital alrededor del Sol. Solo han recibido la visita de una sonda, Voyager 2, la cual sobrevoló Urano en 1986 y Neptuno en 1989. Ambos planetas poseen un sistema tenue de anillos y están acompañados por grupos de satélites. En sus hondas atmósferas casi carentes de rasgos predominan el hidrógeno y el helio, los cuales envuelven un núcleo grande de roca y hielo. Otros compuestos, como el amoniaco y el metano, alteran el color de la luz solar que reflejan las nubes superiores y confieren a ambos planetas sus característicos tonos verdosos y azulados. El calor que genera Neptuno en el interior desencadena algunos de los vientos más veloces de todo el Sistema Solar, con velocidades de hasta 2000 km/h. Urano está volcado y rota completamente de costado, una orientación extraña que probablemente se deba a una colisión con otro protoplaneta poco después de su formación.

**EXPLOSIÓN EN 3 SEGUNDOS**

Urano y Neptuno son los planetas más exteriores del Sistema Solar, y cada uno posee un diámetro que cuadruplica el de la Tierra.

**ÓRBITA EN 3 MINUTOS**

Urano y Neptuno son los únicos planetas del Sistema Solar que se han detectado en épocas recientes y con telescopio. Urano fue descubierto por casualidad en 1781 por Wilhelm Herschel. A partir de anomalías observadas en su movimiento orbital alrededor del Sol, los astrónomos dedujeron que acusaba el empuje gravitatorio de un planeta más distante. John Couch Adams y Urbain Le Verrier predijeron por separado su ubicación, lo que condujo al descubrimiento de Neptuno por Johann Galle en 1846.

**TEMAS RELACIONADOS**

*Véanse* también
JÚPITER
página 24
SATURNO
página 28

**MINIBIOGRAFÍAS**

WILHELM HERSCHEL
**1738-1822**
Astrónomo británico de origen alemán, descubridor de Urano.

URBAIN LE VERRIER
**1811-1877**
Matemático y astrónomo francés.

JOHANN GOTTFRIED GALLE
**1812-1910**
Astrónomo alemán, descubridor de Neptuno.

JOHN COUCH ADAMS
**1819-1892**
Matemático y astrónomo británico.

**TEXTO EN 30 SEGUNDOS**

Carolin Crawford

***Urano y Neptuno son los mundos gigantes gaseosos más lejanos del Sistema Solar.***

# EL SISTEMA SOLAR

## EL SISTEMA SOLAR
GLOSARIO

**cabellera** Nube muy tenue de gas y polvo que rodea el centro o núcleo de un cometa. El núcleo está formado por una bola de hielo y partículas rocosas, lo que el astrónomo estadounidense Fred Whipple describió como un conglomerado de hielo o «bola de nieve sucia». A medida que el cometa se adentra en el Sistema Solar interior y se calienta con el Sol, parte del hielo y el polvo se vaporizan y forman la cabellera.

**cinturón de Kuiper** Región del Sistema Solar exterior en forma de rosquilla, situada a miles de millones de kilómetros del Sol, que alberga cuerpos pequeños y planetas enanos, entre ellos Plutón. Como sus órbitas se encuentran más allá de la de Neptuno, a veces se denominan «objetos transneptunianos».

**cometa de período corto** Cometa con un período orbital alrededor del Sol inferior a 200 años.

**cometa Halley** Cometa de período corto oficialmente llamado 1P/Halley, que debe su nombre al astrónomo inglés Edmond Halley, quien en 1705 calculó correctamente que los cometas observados en 1531, 1607 y 1682 eran el mismo, y que volvería a verse en 1758. El Halley es el cometa más brillante de período corto, observable a simple vista, y reaparece cada 75 o 76 años. Se conoce al menos desde el año 240 a. C. Su avistamiento durante la conquista normanda de Inglaterra en 1066 aparece representado en el tapiz de Bayeux, que ilustra aquel episodio. Regresó por última vez en el año 1986 y volverá a verse en 2061.

**corona solar** La atmósfera exterior del Sol. Normalmente no se ve porque es un millón de veces menos brillante que la fotosfera solar visible. La corona se ve durante los eclipses totales de Sol, cuando el brillo del disco solar queda bloqueado por la Luna, o mediante el uso de un coronógrafo, el cual bloquea la luz procedente del disco solar y permite el estudio de la atmósfera del Sol.

**disco protoplanetario** Disco de gas y polvo en rotación que circunda una estrella recién aparecida dentro de un Sistema Solar en formación. Los planetas surgen a partir del gas y los granos de polvo.

**estrella** Bola inmensa de gas de una masa descomunal, que se mantiene unida por gravitación. Genera calor y luz mediante reacciones de fusión nuclear en su interior.

**fotosfera solar** Capa visible del Sol más exterior, que solo ronda los 100 km de grosor. En la fotosfera se observan manchas solares, fáculas (zonas brillantes) y gránulos (rasgos celulares).

**fusión nuclear** Unión (fusión) de dos núcleos atómicos que formarán un núcleo más pesado y liberarán energía. La fusión nuclear propulsa el Sol y otras estrellas activas.

**manchas solares** Manchas oscuras en la fotosfera solar que aparecen cuando la actividad magnética obstaculiza la convección, lo que produce zonas donde se reducen en parte las altísimas temperaturas.

**nube de Oort** Nube esférica del Sistema Solar exterior mucho más alejada que el cinturón de Kuiper y que podría contener hasta dos billones de objetos helados. Los confines más distantes de la nube de Oort señalan el límite de la atracción gravitatoria del Sol, de modo que constituyen la frontera del Sistema Solar. La comunidad astronómica cree que la mayoría de los cometas se originan en la nube de Oort.

**período orbital** Tiempo que tarda un objeto en completar una órbita alrededor de otro. El período orbital de la Tierra alrededor del Sol dura un año: 365.256363 días.

**Perseidas** Lluvia de meteoros que ocurre anualmente desde el 23 de julio hasta el 20 de agosto. Se llama así porque la región celeste de la que parecen provenir los meteoros se encuentra en la constelación de Perseo. El polvo y los escombros proceden del cometa Swift-Tuttle. Las Perseidas se divisan sobre todo desde el hemisferio norte.

**unidad astronómica** Una unidad astronómica (au) es la distancia media que separa la Tierra del Sol y equivale a unos 150 millones de kilómetros. El cinturón de Kuiper, situado en los confines del Sistema Solar y que contiene planetas enanos, dista entre 30 y 55 au del Sol, mientras que la nube de Oort, mucho más alejada y formada por objetos de hielo, dista entre 5000 y 100 000 au del Sol.

**zona convectiva** Región del Sol situada entre la zona radiativa (más próxima al núcleo) y la fotosfera solar, a través de la cual circula la energía por convección. Desde abajo emerge material más caliente y cargado de energía, que después de enfriarse vuelve a hundirse; el material enfriado se calienta de nuevo a medida que desciende y otra vez vuelve a subir en un proceso cíclico.

# EL SOL

## astronomía en 30 segundos

Las altas presiones y temperaturas que imperan en el núcleo del Sol comprimen el hidrógeno en helio y convierten una fracción de la masa de los átomos en energía pura mediante la fusión nuclear. Esta energía se irradia hacia el exterior y borbotea, como agua hirviendo en un cazo, a través de la zona convectiva del Sol, a lomos de penachos emergentes de gas ionizado (plasma). Por último, tras recorrer 700 000 km desde el centro del Sol (100 veces más que la distancia que separa el núcleo de la Tierra de su superficie), la energía escapa de la fotosfera solar (la capa más exterior visible del Sol) convertida en luz blanca brillante que se irradia hacia la oscuridad del espacio. A la Tierra solo llega en realidad una milmillonésima parte de esa energía, la cual desencadena los fenómenos meteorológicos en nuestro planeta y nos da calor. Aunque la fotosfera solar sea la capa más fría del Sol, se encuentra a una temperatura tan elevada (5500 °C) que evaporaría cualquier material sólido. Intensos campos magnéticos, generados por espirales arremolinadas de plasma en las profundidades de la zona convectiva, perforan la fotosfera y dejan tras de sí oscuras manchas solares que motean la superficie del Sol. Las manchas solares abundan más durante los períodos de máxima actividad magnética solar, que se producen una vez cada 11 años.

**EXPLOSIÓN EN 3 SEGUNDOS**

El Sol es un horno nuclear de 100 billones de teravatios, la fuente energética de casi todos los seres vivos de la Tierra.

**ÓRBITA EN 3 MINUTOS**

El Sol es una estrella igual a las otras 100 000 000 000 que conforman la Galaxia. Como el Sol se encuentra tan cerca, podemos estudiarlo mejor que cualquier otra estrella. En heliosismología se emplean las lentas oscilaciones observadas en la superficie del Sol para medir su estructura y composición internas. El uso de detectores subterráneos permite observar incluso partículas fundamentales de interacción débil (neutrinos) que son subproductos de las reacciones nucleares que suceden en el núcleo del Sol.

**TEMAS RELACIONADOS**

*Véanse* también
LA TIERRA
página 18
EL VIENTO SOLAR
página 38
COLOR Y BRILLO DE LAS ESTRELLAS
página 54
EL ESPECTRO DE LA LUZ
página 122

**MINIBIOGRAFÍAS**

JOSEPH VON FRAUNHOFER
1787-1826
Óptico alemán.

JOSEPH NORMAN LOCKYER
1836-1920
Científico y astrónomo inglés.

**TEXTO EN 30 SEGUNDOS**

Zachory K. Berta

***Imagen del Sol y la Tierra con sus tamaños (aunque no sus distancias) a escala. Dentro del Sol cabrían un millón de planetas como la Tierra.***

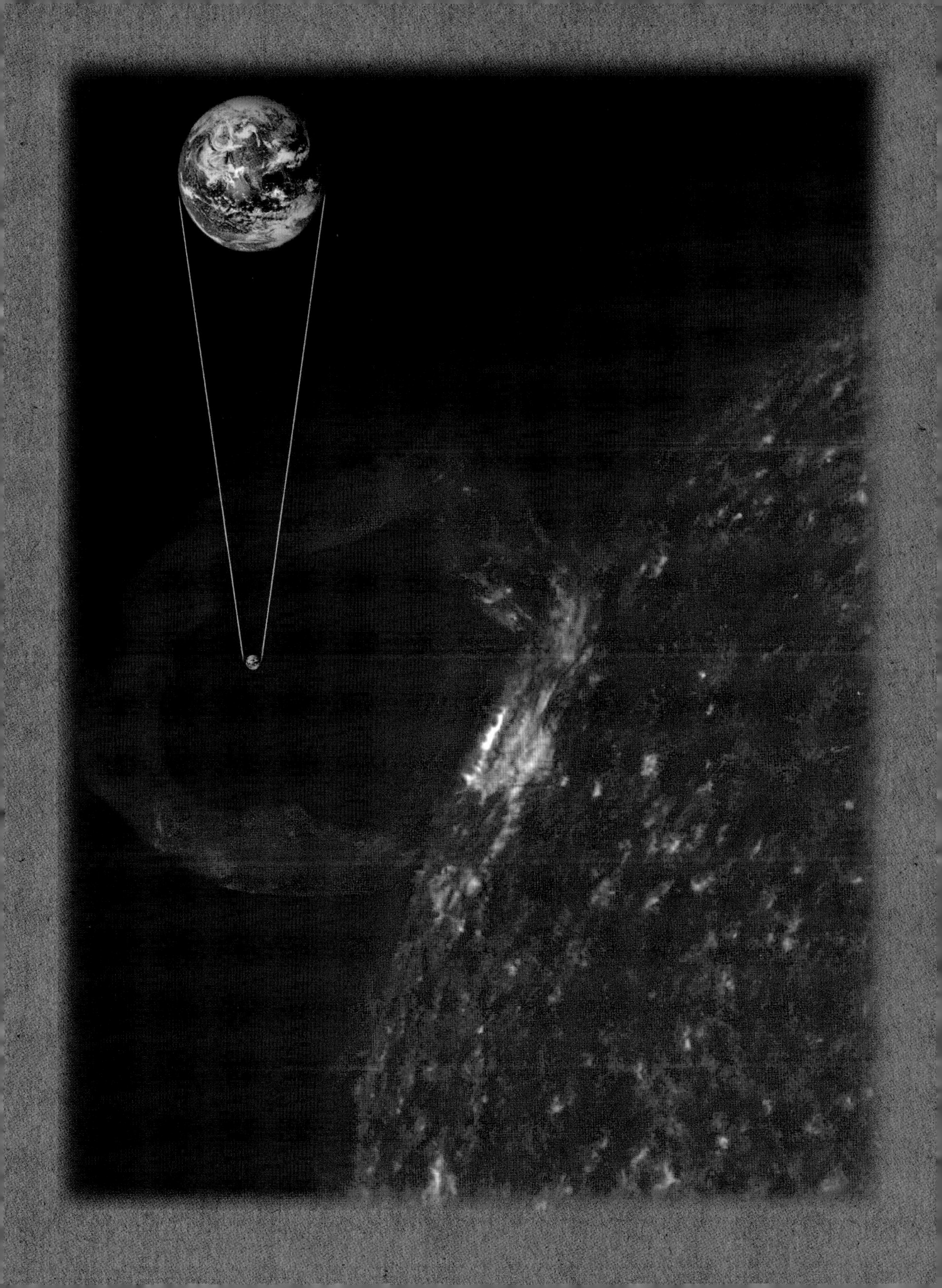

# EL VIENTO SOLAR

## astronomía en 30 segundos

Por encima de la fotosfera solar se despliega una masa tenue de plasma aún más caliente que se conoce como corona solar. Aún se estudia con ahínco qué es lo que aporta tanta temperatura a la corona, pero el proceso podría guardar relación con ondas magnéticas o acústicas que colisionan por encima de la superficie del Sol. Cada hora, la corona despide con profusión miles de millones de toneladas de partículas energéticas (electrones, protones e iones más pesados) hacia el vacío del espacio, lo que crea un «viento solar» que sale despedido a millones de kilómetros por hora. Con estas velocidades, cuando una fulguración solar propulsa el viento solar con más intensidad de lo habitual, este llega a recorrer la distancia que separa el Sol de la Tierra en pocos días. Por suerte, el campo magnético de la propia Tierra repele el viento solar y nos protege de los peligros que entraña, como la destrucción de satélites o de la biosfera. Las partículas cargadas del viento solar que salen desviadas caen en espiral siguiendo el campo magnético de la Tierra hacia los polos, donde interaccionan con la atmósfera terrestre y crean los coloridos resplandores de las auroras boreales y australes. Las auroras polares son más brillantes y se extienden más hacia el ecuador cuando el Sol está más activo y el viento solar es más intenso. El viento solar también esculpe la recta cola de plasma de muchos cometas.

**EXPLOSIÓN EN 3 SEGUNDOS**

Además de emitir luz, el Sol también emite el viento solar, un chorro supersónico de partículas cargadas que impactan constantemente contra el campo magnético de la Tierra.

**ÓRBITA EN 3 MINUTOS**

En 1859, el astrónomo solar Richard Carrington observó un destello brillante de luz en la superficie del Sol. Aquella fulguración solar colosal lanzó una ráfaga de viento solar que impactó contra el campo magnético de la Tierra un día después, y produjo unas coloridas auroras polares tan brillantes como para leer de noche y provocar chispas eléctricas en los dedos de los telegrafistas. Otra tormenta geomagnética tan intensa como aquella tendría efectos demoledores en los sistemas actuales de telecomunicaciones y red eléctrica.

**TEMAS RELACIONADOS**

*Véanse* también
EL SOL
página 36
COMETAS
página 46

**MINIBIOGRAFÍAS**

RICHARD CARRINGTON
1826-1875
Astrónomo inglés.

KRISTIAN BIRKELAND
1867-1917
Científico noruego que identificó la causa de las auroras boreales.

**TEXTO EN 30 SEGUNDOS**

Zachory K. Berta

***Las partículas del viento solar interaccionan con el campo magnético y la atmósfera terrestres y producen auroras polares preciosas, observables con más frecuencia cerca de los polos norte y sur del planeta.***

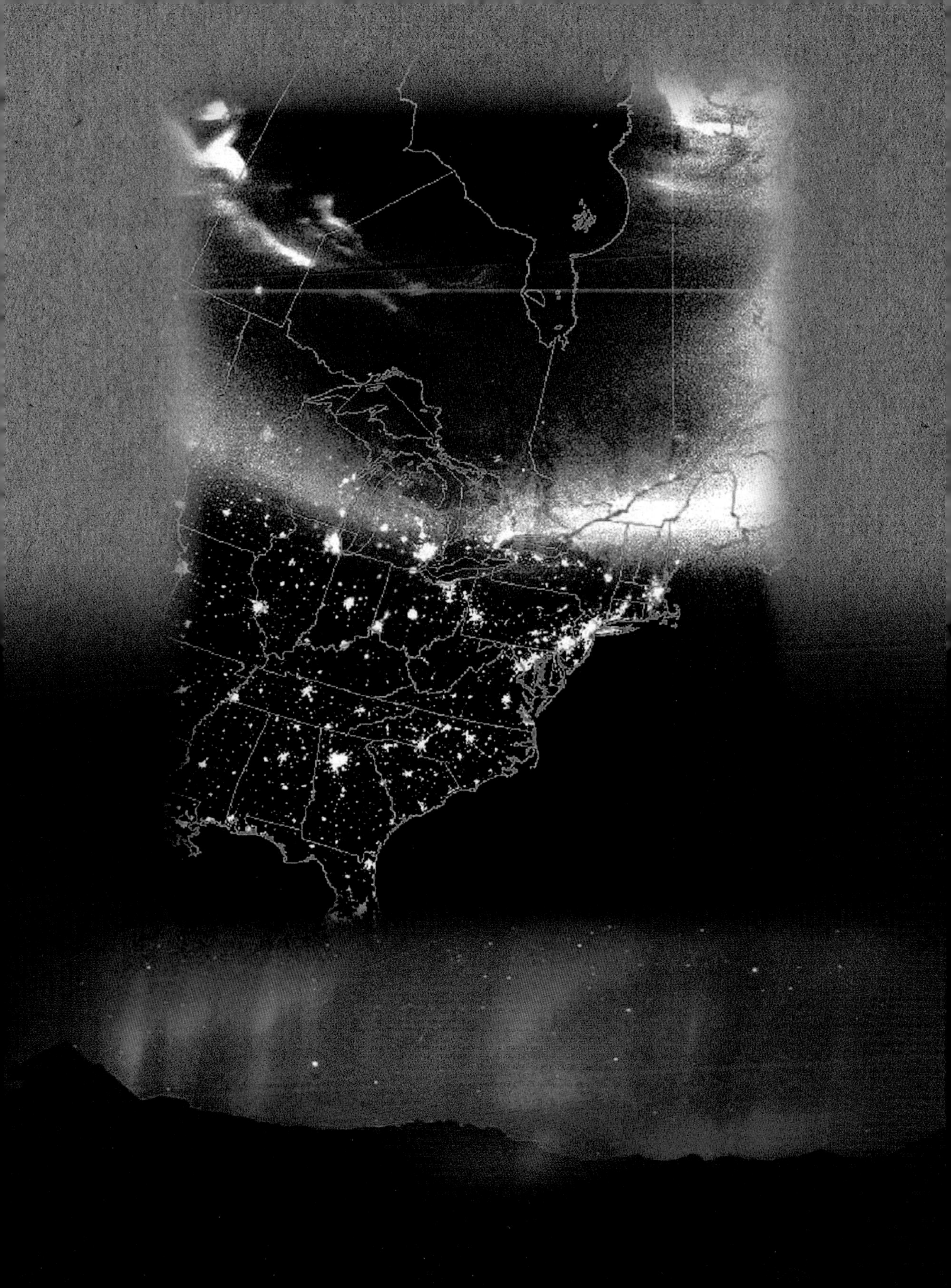

# ÉRIDE, PLUTÓN Y PLANETAS ENANOS

## astronomía en 30 segundos

**EXPLOSIÓN EN 3 SEGUNDOS**

Los planetas enanos son como los hijos adolescentes de los planetas principales: versiones en miniatura de sus padres que no dominan el espacio en el que residen.

**ÓRBITA EN 3 MINUTOS**

Los planetas se formaron gracias a la gravitación a medida que el material que los compone se fue asentando con el tiempo. El interior de cada planeta soporta su propio peso. Esto ocurre tanto con los planetas principales como con los enanos que superan los 560 km de diámetro. Además, los planetas principales han limpiado todo el espacio que los circunda, ya sea absorbiendo o bien expulsando cualquier objeto perdido en sus proximidades. Los enanos, en cambio, no dominan su región orbital.

Más allá de los planetas principales, hay una región que alberga otros más pequeños, llamados objetos transneptunianos. Orbitan el Sol en una zona del Sistema Solar exterior llamada cinturón de Kuiper. Son un conjunto variopinto de desechos planetarios expulsados desde el Sistema Solar interior debido al empuje combinado y reiterado de Júpiter y Saturno, en los inicios de la gestación del Sistema Solar. Éride (o Eris) y Plutón, dos de estos objetos transneptunianos, son repectivamente los planetas noveno y décimo más masivos del Sistema Solar: Éride mide 2325 km de diámetro, casi igual que Plutón, con 2320 km. Plutón se consideró el noveno planeta cuando se descubrió en 1930. Sin embargo, el hallazgo de Éride en 2005 instó a la comunidad astronómica a replantearse la definición de *planeta* y, tras decisiones relacionadas en 2006 y 2008, reclasificaron a Éride y Plutón como *planetas enanos*. Ceres (el mayor asteroide del cinturón situado entre Marte y Júpiter, descubierto en 1801) también pasó a considerarse un planeta enano. Entre 2002 y 2007 se localizaron más objetos transneptunianos clasificados como planetas enanos: Haumea, Makemake, Orco, Quaoar y Sedna, todos ellos nombres de criaturas de mitos relacionados con la creación en civilizaciones más o menos conocidas.

**TEMAS RELACIONADOS**

*Véase* también
ASTEROIDES
página 42

**MINIBIOGRAFÍAS**

GERARD KUIPER
1905-1973
Astrónomo y científico planetario neerlandés-estadounidense.

CLYDE TOMBAUGH
1906-1997
Astrónomo estadounidense que descubrió Plutón.

**TEXTO EN 30 SEGUNDOS**
Paul Murdin

***Plutón y sus pequeños satélites giran alrededor del Sol un poco más alejados que el planeta Neptuno. Su órbita, inclinada y muy elíptica, apunta a que realizó un viaje errático desde el Sistema Solar interior.***

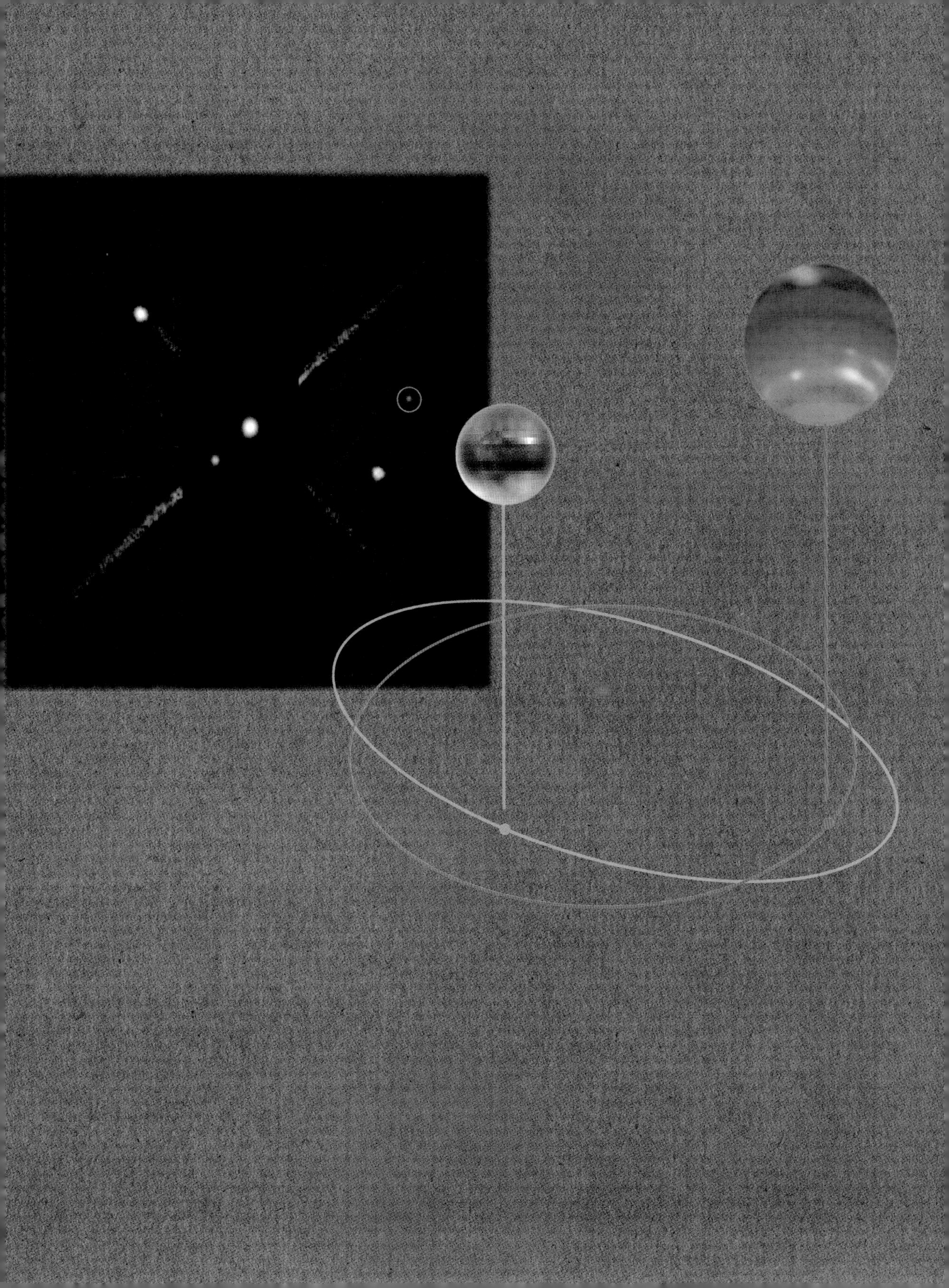

# ASTEROIDES

## astronomía en 30 segundos

El Sistema Solar solo alberga ocho planetas grandes, pero por él pulula un enjambre de asteroides rocosos menores; hasta el presente se han observado cientos de miles. Estos trozos de roca y metal carentes de aire presentan tamaños muy diversos, desde motas de polvo sin forma definida hasta objetos como el planeta enano Ceres, con casi 1000 km de diámetro. Los asteroides flotan por todo el Sistema Solar, desde el interior de la órbita de Mercurio hasta más allá de la de Neptuno, pero solo sobreviven durante más de un breve período de tiempo allí donde las fuerzas gravitatorias que ejercen los planetas masivos no los lanzan o succionan hacia una trayectoria de colisión. Los asteroides abundan más en el cinturón principal de asteroides, justo más allá de la órbita de Marte. El espacio que media entre los asteroides es tan inmenso, incluso dentro de ese cinturón, que es muy poco frecuente que choquen entre ellos. Como esas colisiones son escasas, muchos asteroides han permanecido inalterados desde que se condensaron a partir del disco protoplanetario primordial 4500 millones de años atrás, durante el nacimiento del Sistema Solar. Así que albergan el registro de las condiciones que imperaban entonces, y permiten estudiarlas mediante telescopios, naves espaciales o cuando caen a la Tierra trozos de asteroides convertidos en meteoritos.

**EXPLOSIÓN EN 3 SEGUNDOS**
Los asteroides rocosos abarrotan el Sistema Solar y albergan datos clave sobre sus inicios y evolución.

**ÓRBITA EN 3 MINUTOS**
Los asteroides cuyas órbitas los acercan a nuestro planeta se denominan NEO (de *near earth objects*, «objetos cercanos a la Tierra»). Hay pocas probabilidades de que un asteroide grande con capacidad para acabar con la vida choque contra la Tierra, pero se efectúa un seguimiento muy atento de los NEO, porque las consecuencias de tal colisión serían catastróficas. El Centro de Planetas Menores de la Unión Astronómica Internacional recopila datos y calcula las órbitas de todos los asteroides conocidos para predecir cualquier choque peligroso antes de que suceda.

**TEMAS RELACIONADOS**
*Véanse* también
ÉRIDE, PLUTÓN Y PLANETAS ENANOS
página 40
COMETAS
página 46
METEOROS
página 48

**MINIBIOGRAFÍAS**

GIUSEPPE PIAZZI
1746-1826
Astrónomo italiano que descubrió el asteroide Ceres.

DANIEL KIRKWOOD
1814-1895
Astrónomo estadounidense que identificó los «huecos Kirkwood» en el cinturón de asteroides.

KIYOTSUGU HIRAYAMA
1874-1943
Astrónomo japonés que descubrió grupos de asteroides con órbitas casi idénticas.

**TEXTO EN 30 SEGUNDOS**
Zachory K. Berta

***Los asteroides tienen un tamaño minúsculo comparado con las vastas distancias que median entre ellos.***

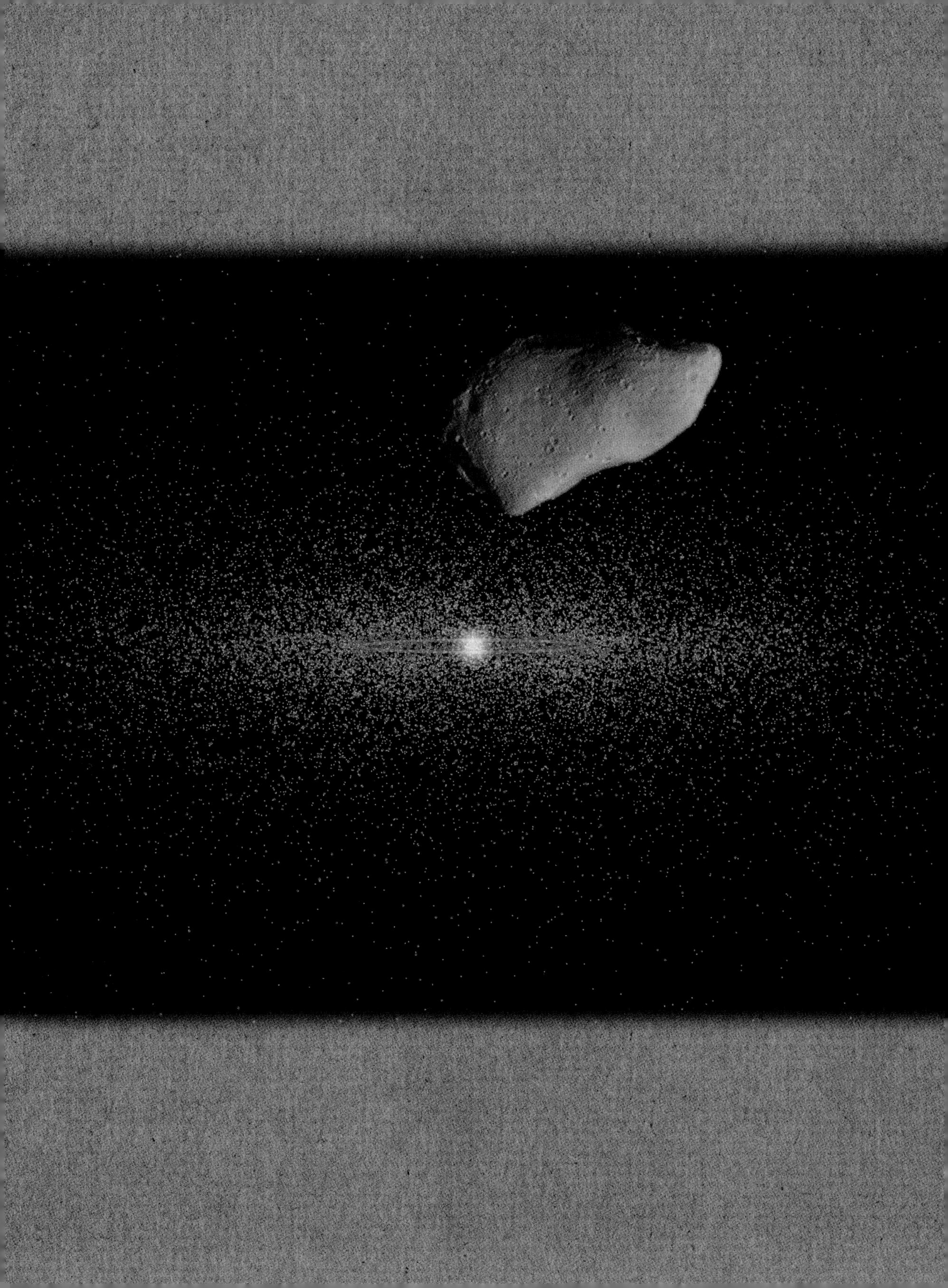

**1473**
Nace en Toruń, actual Polonia

**1491-1495**
Estudia matemáticas, astronomía y ciencias naturales en la Universidad de Cracovia

**1495**
Es elegido canónigo, pero pospone el nombramiento

**1496-1501**
Estudia derecho canónico en la Universidad de Bolonia; se convierte en ayudante del astrónomo italiano Domenico Maria de Novara

**1497**
Se celebra su nombramiento formal como canónigo

**1501-1503**
Estudia medicina en la Universidad de Padua

**1503**
Se doctora en derecho por la Universidad de Ferrara

**1503-1510**
Ejerce como secretario y médico de su tío, el príncipe-obispo de Varmia

**h. 1514**
Escribe *Commentariolus*, primer opúsculo sobre su teoría heliocéntrica

**1512-1515**
Efectúa observaciones de Marte, Saturno y el Sol

**1532**
Casi tiene terminada la obra *De revolutionibus orbium coelestium (Sobre las revoluciones de los orbes celestes)*, pero es reacio a publicarla por temor a que la desdeñen

**1533**
Johann Albrecht Widmanstetter da una conferencia sobre la teoría copernicana en presencia del papa Clemente VII; Copérnico se ve urgido a publicar, pero sigue receloso

**1539**
Recibe la visita del matemático Georg Joachim Rheticus (Rético), quien se convierte en pupilo y secretario suyo

**1540**
Rético escribe y publica *Narratio Prima*, una descripción de la teoría copernicana que permitió sopesar las reacciones ante sus ideas

**1542**
Rético se lleva el manuscrito de *De revolutionibus* a Núremberg

**1543**
Se publica *De Revolutionibus*

**1543**
Fallece en Frombork

**1566**
Se publica la segunda edición de *De revolutionibus*

# COPÉRNICO

**Nicolás Copérnico, el hombre** que puso el mundo patas arriba o, cuando menos, le dio la vuelta al Sistema Solar, fue un revolucionario improbable. El cambio de paradigma que defendió con su teoría heliocéntrica situaba el Sol, y no la Tierra, en el centro del universo. Aquello desafiaba la ortodoxia del sistema tolemaico, llamado así por el astrónomo egipcio Tolomeo de Alejandría (h. 100 - h. 170 d. C.), el cual sostenía que el Sol, la Luna y los planetas giran alrededor de la Tierra. Copérnico fue ensamblando concienzudamente su teoría a lo largo de un dilatado período de tiempo (nadie sabe cuándo empezó, pero es probable que lo hiciera alrededor de 1510), y llegó a ella como consecuencia de la recopilación de los flecos matemáticos que pendían de los bordes del sistema tolemaico. ¿Por qué no siguen los planetas órbitas concéntricas uniformes? ¿Y por qué resultaba tan poco satisfactoria la teoría del ecuante (un punto inventado por Tolomeo para que todo funcionara)? Una vez que empezó a reunir esa información, Copérnico continuó hasta desentrañar todo el asunto y llegó a la conclusión de que las matemáticas solo encajaban al situar el Sol, y no la Tierra, en el centro de todo.

Copérnico, polifacético erudito renacentista (estudioso, lingüista, traductor, matemático, astrónomo, médico, artista, economista, diplomático y clérigo), fue por encima de todo un hombre de familia. Fue Łukasz Watzenrode, poderoso obispo de Varmia y tío materno suyo, quien pagó y dirigió su formación y su carrera tras decidir que Copérnico debía alcanzar un puesto elevado dentro de la curia. Y eso hizo el joven: tras estudiar en la Universidad de Cracovia, fue nombrado canónigo de Frombork (en alemán, Frauenburg), localidad del norte de Polonia, donde permaneció el resto de su vida, salvo algunos períodos en los que se ausentó para seguir estudiando en Padua, Bolonia y Ferrara. Sus obligaciones administrativas y los cuidados médicos de su benefactor ocupaban gran parte de su tiempo, y tenía que encajar las observaciones astronómicas cuando podía.

Copérnico escribió tres libros sobre astronomía: *Commentariolus (Pequeño comentario)*, una síntesis de 40 páginas de lo que se convertiría en su hipótesis heliocéntrica, que escribió antes de 1514 y circuló entre colegas y amigos; la *Carta contra Werner* (1524), una crítica arrolladora de la obra del matemático Johann Werner, y su gran *De revolutionibus orbium coelestium (Sobre las revoluciones de los orbes celestes)*, publicado el mismo año de su fallecimiento, en 1543. Se cuenta que Copérnico se encontraba en su lecho de muerte cuando le llegó un ejemplar preliminar del libro impreso: se lo pusieron en las manos justo antes de expirar.

# COMETAS

astronomía en 30 segundos

**EXPLOSIÓN EN 3 SEGUNDOS**

Los bellos cometas que resplandecen en el cielo nocturno no son objetos inmóviles, estables ni constantes, sino procesos evolutivos, espectáculos celestes.

**ÓRBITA EN 3 MINUTOS**

Choques colosales acaecidos durante la formación de la Tierra pudieron despojar al joven planeta de sus océanos y atmósfera. La liberación de moléculas volátiles atrapadas en el manto de la Tierra pudo aportar buena parte del agua y el gas que se perdieron, pero los astrónomos también creen que el impacto de cometas ricos en agua pudo contribuir a incrementar la hidrosfera terrestre. Sin esta superficie considerable de agua o sin una atmósfera protectora, habría sido difícil que la vida surgiera en nuestro planeta.

Lejos del Sol, una bola de hielo y roca de tan solo unos pocos kilómetros de ancho se desliza despacio por la gélida oscuridad. Después de pasar la mayor parte de su existencia como una bola de nieve sucia e inerte, experimenta una aceleración progresiva hacia el interior. El incremento del calor del Sol eleva la temperatura de su superficie exterior, vaporiza el hielo y crea una «cabellera» difusa y gaseosa de decenas de miles de kilómetros de longitud. En este estado de ebullición, se convierte en un cometa activo y liberar cada vez más material a medida que cae en el tórrido Sistema Solar interior. De la cabellera parten dos colas de millones de kilómetros: una cola curvada y amarillenta debida a que la luz del Sol ilumina el polvo que se desprende del núcleo y que ahora flota lento por detrás de él, y una cola recta y azulada que apunta en dirección opuesta al Sol, formada por plasma atrapado en el viento solar magnetizado. Los cometas pueden formarse a partir de cualquier objeto rico en hielo, independientemente de que se cuenten entre los que nos visitan una sola vez en la historia de la humanidad porque provienen de la distante Nube de Oort, o se trate de objetos del cinturón de Kuiper en órbitas excéntricas más cortas, como el cometa Halley, que regresa cada 75 o 76 años. A la larga estos últimos acaban convirtiéndose en asteroides inactivos, porque las explosiones que sufren a lo largo de los pasos sucesivos por los alrededores del Sol los despojan de todas las sustancias volátiles que activan los cometas.

**TEMAS RELACIONADOS**

*Véanse* también
ÉRIDE, PLUTÓN Y PLANETAS ENANOS
página 40
ASTEROIDES
página 42

**MINIBIOGRAFÍAS**

EDMOND HALLEY
1656-1742
Astrónomo inglés que calculó por primera vez la órbita del cometa Halley.

JAN OORT
1900-1992
Astrónomo neerlandés que dio su nombre a la nube de Oort de cometas.

FRED WHIPPLE
1906-2004
Astrónomo estadounidense que describió el núcleo de los cometas como conglomerados de hielo o «bolas de nieve sucia».

**TEXTO EN 30 SEGUNDOS**

Zachory K. Berta

***El núcleo de un cometa es diminuto, apenas una millonésima parte del tamaño total del astro.***

# METEOROS

## astronomía en 30 segundos

Un *meteoroide* es cualquier objeto pequeño que va por el espacio que con el tiempo puede acabar chocando contra la Tierra, ya sea una partícula perdida por un asteroide, un grano de la cola de un cometa o incluso basura espacial de origen humano. Cuando penetra en la atmósfera de la Tierra, por lo común a velocidades que van de los 10 a los 70 km/s, se convierte en un *meteoro*. La fricción con el aire frena el rápido descenso y lo calienta hasta ponerlo incandescente, lo que crea una estela ardiente en el cielo. Es posible que algún fragmento de roca o metal, un gránulo del meteoroide original, sobreviva a la caída y llegue al suelo. Entonces se convierte en un *meteorito*. Los meteoros se pueden ver en cualquier noche despejada, pero abundan más durante las lluvias de meteoros anuales (por ejemplo, las Perseidas de comienzos del mes de agosto), cuando la órbita de la Tierra sume el planeta en nubes de escombros ricos en meteoroides dejadas por cometas antiguos. Los meteoros que vemos cruzar el firmamento suelen provenir de meteoroides de alrededor de 1 cm de diámetro. Los *micrometeoros* (entre 10 y 100 micrómetros de diámetro) son mucho más frecuentes, pero pasan inadvertidos porque son demasiado pequeños. Los meteoros más grandes son muy escasos. Un ejemplo lo constituye el objeto del Cretácico-Paleógeno de 10 km de diámetro, cuya colisión contra la Tierra hace 65 millones de años se considera la causa más probable de la extinción de los dinosaurios.

**EXPLOSIÓN EN 3 SEGUNDOS**

Si ha visto una estrella fugaz, habrá contemplado un metoro: el abrasador zambullido final de un trozo de escombro espacial en la atmósfera de la Tierra.

**ÓRBITA EN 3 MINUTOS**

Los meteoritos hallados en la Tierra (por lo común procedentes de objetos con unas dimensiones iniciales de entre 1 y 10 metros de ancho) se cuentan entre los pocos embajadores tangibles que poseemos del espacio exterior. Otros objetos astronómicos se estudian mediante la luz que reflejan o que emiten, pero los meteoritos se pueden diseccionar con un detalle extraordinario por medio de equipos sofisticados. Por ejemplo, la datación radiactiva de ciertos tipos de meteoritos establece con precisión su antigüedad, y la del propio Sistema Solar, en 4560 millones de años.

**TEMAS RELACIONADOS**

*Véanse* también
LA TIERRA
página 18
ASTEROIDES
página 42
COMETAS
página 46

**MINIBIOGRAFÍAS**

LUIS Y WALTER ÁLVAREZ
**1911-1988 y 1940-**
Científicos estadounidenses que hallaron indicios de que el impacto de un meteoroide masivo pudo haber causado la extinción de los dinosaurios y otras especies.

**TEXTO EN 30 SEGUNDOS**

Zachory K. Berta

***Cuando la Tierra atraviesa las excéntricas órbitas de cometas que dejan a su paso un reguero de residuos, recibimos más meteoros de lo normal, un hecho recurrente que conocemos como lluvia de meteoros.***

# LAS ESTRELLAS

## LAS ESTRELLAS
GLOSARIO

**agujero negro** Región donde la materia está altamente comprimida y, como resultado, la gravitación actúa con tanta intensidad que todo lo que haya en la zona, incluida la luz, se precipita con fuerza hacia ella. Los agujeros negros pueden aparecer con la muerte de una estrella masiva.

**Algol** Estrella binaria eclipsante (par estelar) en la constelación de Perseo. Cada 69 horas una estrella eclipsa la otra durante unas 10 horas. Esto significa que su brillo parece experimentar un descenso tan notable que se percibe a simple vista. En muchas culturas se asocia esta estrella con el mal: *al gol* significa en árabe «el demonio». La tradición hebrea llama a esta estrella «Cabeza de Satán», y los griegos de la Antigüedad la interpretaban como el ojo parpadeante de una gorgona (un monstruo femenino) sostenida por el héroe Perseo.

**estrella de neutrones** Estrella con una densidad extrema que se forma al final de la existencia de una estrella masiva, cuando se agota el combustible nuclear y se produce una explosión final (supernova).

**estrella enana blanca** Remanente muy denso de una estrella que se forma después de que una gigante roja se dilate y aporte materia a una inmensa nebulosa, con lo que deja expuesto el núcleo de la estrella, el cual se enfría y se vuelve cada vez más tenue, hasta convertirse en una enana blanca.

**estrella gigante** Aquella que posee una luminosidad y un radio mucho mayores que una estrella de la secuencia principal, en general más de 1000 veces más luminosa que el Sol y con un radio entre 10 y 100 veces mayor que el de este. Las estrellas aún más grandes, más masivas y más luminosas se denominan *supergigantes* e *hipergigantes*.

**estrella gigante azul** La clase de estrellas más masiva y caliente que se conoce; emiten luz azul muy brillante, y se ven a menudo en regiones de galaxias espirales donde están naciendo estrellas.

**estrella gigante roja** Estrella más fría y de menor masa que una estrella gigante azul.

**estrellas de la secuencia principal** Aquellas situadas dentro de la banda de la secuencia principal del diagrama de color y brillo de Hertzsprung-Russell.

**explosión de nova** Explosión que se produce en una estrella enana blanca cuando el astro absorbe material de una compañera dentro de un sistema estelar binario y experimenta una nueva ignición, lo que provoca un fenómeno de fusión nuclear desbocado en la superficie de la enana blanca. Es una explosión menos potente y menos brillante que la de una supernova. Este nombre latino alude a que la enana blanca, que antes era imperceptible, reaparece con la explosión y puede confundirse con la aparición de una estrella nueva.

**fuente explosiva de rayos gamma** Destello de radiación electromagnética de alta frecuencia liberada por lo común durante una explosión de supernova.

**Mira** Estrella gigante roja, también conocida como ómicron Ceti, que se encuentra a una distancia de entre 200 y 400 años luz en la constelación de la Ballena. Mira es un ejemplo de estrella variable pulsante. Su brillo fluctúa siguiendo un ciclo regular de 332 días de duración.

**nebulosa** Nube de polvo o gas en el espacio interestelar.

**nebulosa Anular** Nebulosa planetaria también conocida como Messier 57 en la constelación de la Lira. Consiste en una nube de gas ionizado expulsada al espacio por una estrella gigante roja.

**nebulosa Haltera Menor** También conocida como NGC 6302 y situada a unos 3800 años luz de distancia en la constelación de Escorpio, es una nebulosa planetaria que recibe este nombre porque las enormes nubes de gas recuerdan a las pesas de una haltera. La radiación ultravioleta que emite una estrella moribunda que fue parte de un sistema estelar binario hace brillar las nubes de gas que expulsó esa misma estrella.

**nebulosa planetaria** Nube de gas que expele al espacio una estrella gigante roja. El término proviene del astrónomo alemán nacionalizado británico Wilhelm Heschel, quien, al identificar el fenómeno en 1785, pensó que las nebulosas o nubes que veía eran similares al planeta gaseoso gigante Urano. En astronomía aún se usa este término aunque estas nebulosas se forman alrededor de estrellas moribundas y no guardan ninguna relación con los planetas.

**remanente de supernova** Estructura creada por una explosión de supernova, que contiene el material de la estrella que estalló y parte del material interestelar barrido por ella.

**supernova** Explosión al final de la vida de una estrella masiva, cuando el núcleo se colapsa y da lugar a un agujero negro o una estrella de neutrones. Un tipo especial de supernova, el tipo 1a, se produce cuando una enana blanca absorbe material de una compañera dentro de un sistema estelar binario hasta rebasar una masa crítica (1.4 veces la del Sol), y entonces explota.

# COLOR Y BRILLO DE LAS ESTRELLAS

## astronomía en 30 segundos

Percibimos color en las estrellas cuando presentan un espectro lumínico poco uniforme. Algunas emiten más luz azul que roja; otras, al contrario. Al igual que el color del hierro candente, la tonalidad de las estrellas indica la temperatura de su superficie, de forma que las estrellas azules son más calientes (20 000 °C) y las estrellas rojas son más frías (3000 °C o menos). En astronomía se codifica el color de la mayoría de las estrellas mediante una secuencia de siete letras (O, B, A, F, G, K y M), que las clasifica desde las más calientes a las más frías. Las estrellas también se ordenan de acuerdo con su brillo; las supergigantes son muy brillantes, las gigantes lo son menos y las enanas brillan aún menos. El Sol se encuentra en un lugar intermedio: es una enana de tipo G. Hacia 1910 los astrónomos Ejnar Hertzsprung y Henry Russell, cada uno por separado, enfrentaron en una gráfica el brillo y la temperatura de una serie de estrellas, y crearon con ello el diagrama de Hertzsprung-Russell (H-R). El brillo y el color son propiedades de la superficie de una estrella, pero el diagrama H-R revela lo que ocurre en su interior. La mayoría de las estrellas cae dentro de la secuencia principal, entre las azules/brillantes y las rojas/tenues, y la masa de una estrella determina qué lugar le corresponde, de forma que las estrellas más masivas se sitúan en el extremo brillante y las menos masivas se sitúan en el extremo tenue.

**EXPLOSIÓN EN 3 SEGUNDOS**
El diagrama de Hertzsprung-Russell plasma el color y el brillo de las estrellas, clave de cómo estas viven y mueren.

**ÓRBITA EN 3 MINUTOS**
Las estrellas de la secuencia principal transforman hidrógeno en helio para liberar energía nuclear. A medida que una estrella de la secuencia principal agota el hidrógeno que alberga en el núcleo, crea una envoltura de helio alrededor del núcleo y la usa como siguiente fuente de combustible nuclear. El astro aumenta de brillo, pero también se enfría y se convierte en una estrella gigante o incluso supergigante. Las supergigantes acaban explotando, pero las gigantes vuelven a contraerse y se convierten en enanas blancas más tenues que irán apagándose apaciblemente hasta la negrura.

**TEMAS RELACIONADOS**
*Véanse* también
ESTRELLAS GIGANTES
página 60
ENANAS BLANCAS
página 62
SUPERNOVAS
página 68)

**MINIBIOGRAFÍAS**
EJNAR HERTZSPRUNG
1873-1967
Astrónomo danés.

HENRY RUSSELL
1877-1957
Astrofísico estadounidense.

**TEXTO EN 30 SEGUNDOS**
Paul Murdin

***La secuencia principal de estrellas enanas atraviesa en diagonal el diagrama de Hertzsprung-Russell; las enanas blancas ocupan el extremo inferior izquierdo y las supergigantes, el superior derecho.***

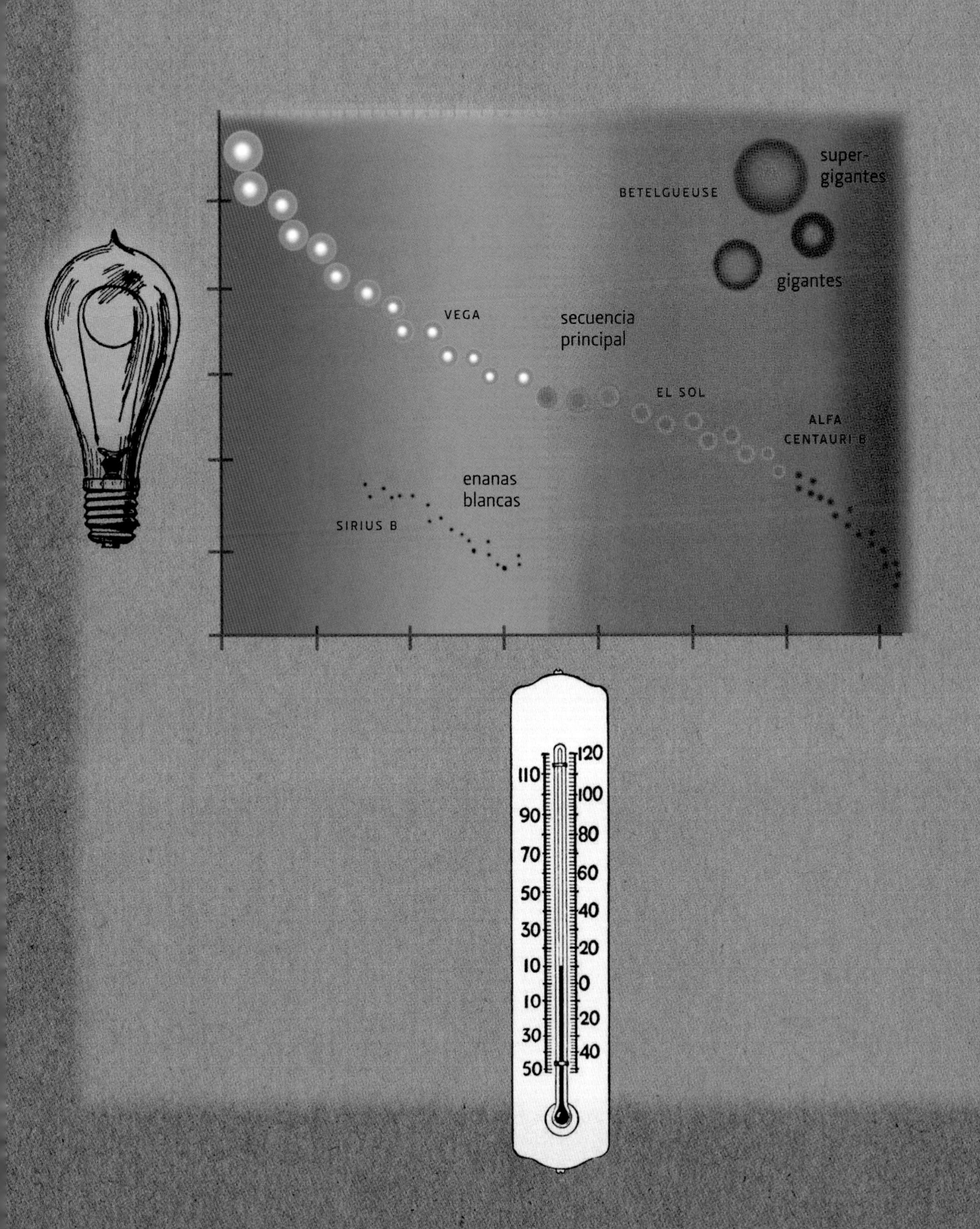

super-
gigantes
BETELGUEUSE
gigantes
VEGA
secuencia
principal
EL SOL
ALFA
CENTAURI B
enanas
blancas
SIRIUS B
120
110
100
90
80
70
60
50
40
30
20
10
0
10
20
30
40
50

# ESTRELLAS BINARIAS

## astronomía en 30 segundos

Cuando las estrellas se forman a partir de nubes masivas de gas, suele haber suficiente material como para formar dos estrellas. Se calcula que alrededor de la mitad de las estrellas que vemos son en realidad dos estrellas que se orbitan entre sí: estrellas binarias. Si el planeta Júpiter hubiera nacido 100 veces más masivo, entonces también él, junto con el Sol, habría sido una estrella, y viviríamos dentro de un sistema estelar binario. Hay muchos tipos de estrellas binarias, porque las dos componentes implicadas pueden diferir enormemente según la masa que tengan al nacer. Las estrellas masivas viven deprisa y mueren jóvenes, convertidas en agujeros negros, estrellas de neutrones o enanas blancas, mientras su compañera aún corresponde en términos estelares a una adolescente. A veces las estrellas binarias se encuentran tan cerca una de la otra que un astro absorbe material de su compañero. Otras binarias son más serenas. Algunas se eclipsan entre sí, de forma que una de ellas oculta a su compañera mientras se orbitan. Cuando la compañera reaparece, se obtienen datos cruciales sobre la composición de estos sistemas. Una de las estrellas binarias más conocidas es Algol. Cada 69 horas reduce su brillo en un factor 3 durante casi 10 horas, mientras la componente más tenue del sistema tapa la estrella más brillante.

**EXPLOSIÓN EN 3 SEGUNDOS**

Las estrellas nacen a menudo en parejas. Casi la mitad de las que vemos y nos parecen una sola tienen una compañera inapreciable a la vista.

**ÓRBITA EN 3 MINUTOS**

La astronomía obtiene una información enorme de las estrellas binarias. Observando la velocidad a la que se orbitan entre sí las componentes determinamos con precisión la masa de ambos astros, y eso permite establecer la masa de todas las estrellas similares. También se han observado estrellas en órbita alrededor de agujeros negros en sistemas estelares binarios, y el estudio de la velocidad a la que orbita esa estrella constituye el mejor indicio que tenemos de la existencia de los agujeros negros.

**TEMAS RELACIONADOS**

*Véanse* también
AGUJEROS NEGROS
página 70
RAYOS X CÓSMICOS
página 104

**MINIBIOGRAFÍAS**

WILHELM HERSCHEL
**1738-1822**
Astrónomo británico de origen alemán que acuñó la expresión *estrella binaria* en 1802.

ÉDOUARD ROCHE
**1820-1883**
Astrónomo y matemático francés que calculó cómo pueden influirse entre sí las estrellas binarias.

**TEXTO EN 30 SEGUNDOS**

Darren Baskill

***Esta reproducción artística de un sistema binario muestra las estrellas tan próximas que el gas fluye desde una estrella de tipo solar hacia su compañera más pequeña, una enana blanca.***

# ESTRELLAS VARIABLES

## astronomía en 30 segundos

**EXPLOSIÓN EN 3 SEGUNDOS**

El brillo de muchas estrellas varía. Algunas presentan cambios apenas perceptibles y otras (las variables) acusan variaciones muy significativas.

**ÓRBITA EN 3 MINUTOS**

En el estudio de las estrellas variables colaboran astrónomos profesionales y aficionados. Mientras los profesionales examinan estrellas individuales, los aficionados barren todo el cielo en busca de nuevos comportamientos inusuales. Los aficionados que detectan estrellas variables con comportamientos anómalos se ponen en contacto con asociaciones especializadas que informan a los profesionales. En cuestión de horas, los telescopios más grandes de la Tierra (o incluso telescopios espaciales) pueden efectuar un seguimiento de la observación del aficionado.

Las estrellas variables cambian de brillo de maneras distintas y por razones diversas. Las estrellas pulsantes cambian de tamaño y de brillo de una forma bastante predecible y regular. La gravitación las contrae y hace que una capa exterior de helio bloquee la luz que procede del interior; la energía de esta luz bloqueada es absorbida entonces por el helio y hace que el gas y todo el astro se expandan de nuevo. Una vez que se expande tanto que alcanza un gran tamaño, el helio se torna transparente de nuevo, y el calor consigue escapar al espacio, de modo que la estrella se enfría y se colapsa, y el ciclo vuelve a repetirse. La estrella Mira (en la constelación de la Ballena) es un ejemplo de estrella variable pulsante: su variación regular se descubrió en 1638. Cada 332 días Mira pasa de ser una estrella perceptible a simple vista a ser un astro que solo se ve con telescopio. Las estrellas variables cataclísmicas experimentan variaciones espectaculares e impredecibles. Entre ellas se cuentan las novas enanas, en las que una corriente masiva de gas cae por un disco que rodea la estrella con una frecuencia de hasta unas pocas semanas; las novas, cuando la superficie de una enana blanca explota de repente, y las supernovas, cuando estalla la totalidad de una enana blanca o de una estrella masiva.

**TEMAS RELACIONADOS**

*Véanse* también
ENANAS BLANCAS
página 62
SUPERNOVAS
página 68

**MINIBIOGRAFÍAS**

JOHANNES HOLWARDA
1618-1651
Astrónomo frisio que en 1638 descubrió que Mira es una estrella variable.

**TEXTO EN 30 SEGUNDOS**

Darren Baskill

***Los astrónomos suelen observar un aumento y una disminución de brillo en estrellas a lo largo de horas, décadas o períodos más prolongados. Una estrella, SCP 06F6, descubierta por el telescopio Hubble en 2006, mostró un incremento progresivo de brillo durante 100 días y después se fue desvaneciendo durante otros 100 días hasta sumirse en el olvido.***

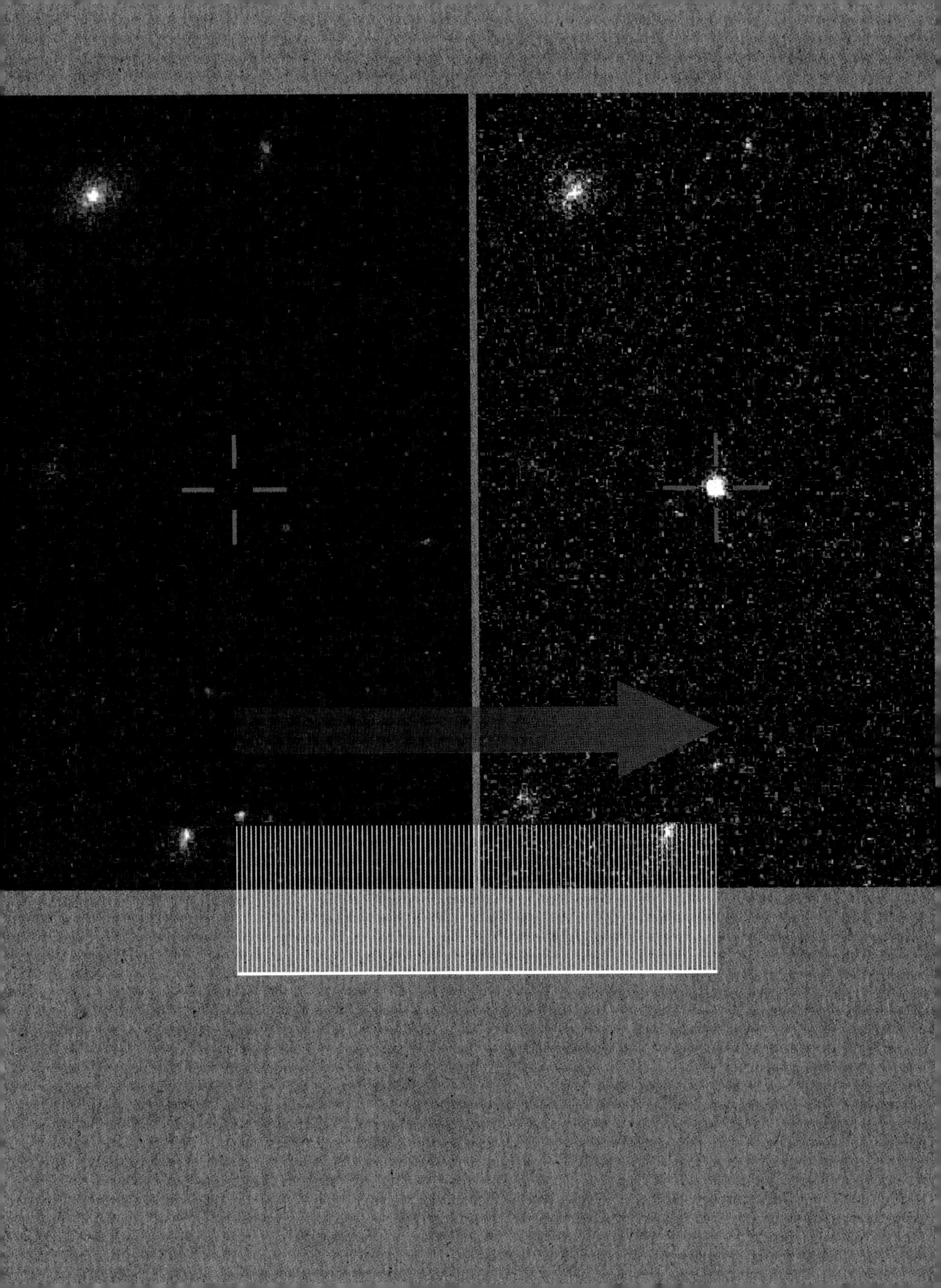

# ESTRELLAS GIGANTES

## astronomía en 30 segundos

La amplia variedad de color y brillo que presentan las estrellas al introducirlas en el diagrama de Hertzsprung-Russell demuestra que muchas de ellas tienen edades, tamaños, luminosidades y masas muy distintas de los del Sol. La clase más rara la constituyen las estrellas gigantes. Las gigantes azules son las estrellas más calientes y masivas. Producen energía a un ritmo prodigioso para contrarrestar el empuje hacia el interior de la gravitación y, por tanto, consumen muy deprisa el combustible disponible y su vida dura tan solo unos pocos millones de años. Su característica y brillante luz azul predomina en los cúmulos abiertos de estrellas que perfilan los brazos de las galaxias espirales con episodios recientes de formación estelar. Las gigantes rojas, en cambio, son más comunes. Son astros con menos masa que han pasado a una fase evolutiva posterior a la producción de energía mediante la mera fusión del hidrógeno en helio en su centro. El núcleo de las gigantes rojas empieza a comprimirse bajo la gravitación y se calienta hasta desencadenar fases ulteriores y más complejas de combustión nuclear. El incremento de luminosidad resultante infla las capas exteriores del astro gigante, de tal modo que la superficie de la abultada estrella pierde temperatura y muestra un color mucho más rojizo. Estas estrellas se extinguen cuando estallan en forma de nebulosa planetaria o de supernova.

**EXPLOSIÓN EN 3 SEGUNDOS**

Las estrellas gigantes son entre 10 y 100 veces mayores que el Sol, y hasta 1000 veces más brillantes que él.

**ÓRBITA EN 3 MINUTOS**

Las estrellas aún más grandes y brillantes se denominan supergigantes e hipergigantes. El récord de la estrella de mayor tamaño que se conoce hasta ahora lo ostenta VY Canis Majoris, una hipergigante roja alrededor de 2000 veces mayor que el Sol, y 500 000 veces más luminosa que él. Si VY Canis Majoris residiera en el centro del Sistema Solar, su superficie llegaría más allá de la órbita de Júpiter.

**TEMAS RELACIONADOS**

*Véanse* también
COLOR Y BRILLO DE LAS ESTRELLAS
página 54
SUPERNOVAS
página 68

**MINIBIOGRAFÍAS**

EJNAR HERTZSPRUNG
1873-1967
Astrónomo danés.

HENRY RUSSELL
1877-1957
Astrofísico estadounidense.

**TEXTO EN 30 SEGUNDOS**

Andy Fabian

*La expresión* **estrella gigante** ***no es una mera hipérbole: Betelgueuse, por ejemplo, es una estrella que atraviesa sus últimas fases evolutivas y cuyo radio supera unas 1200 veces el del Sol.***

# ENANAS BLANCAS

## astronomía en 30 segundos

Las estrellas como el Sol acaban convertidas en astros gigantes e hinchados; esto reduce su gravedad superficial y permite la fuga de las capas exteriores, las cuales forman una nebulosa. Tales nebulosas suelen presentar una bella simetría circular o bilateral que a veces se plasma en su nombre; ejemplos de ellas son la nebulosa Anular y la nebulosa Haltera Menor. A medida que se forma la nebulosa, el núcleo caliente de la estrella gigante roja queda expuesto en su centro, aporta energía a la nebulosa y le confiere un colorido fabuloso. El núcleo desnudo es combustible nuclear agotado; el interior de la estrella se ha calentado hasta alcanzar temperaturas extremas, e irradia con fuerza. Como ahora está expuesto ya no consigue conservar el calor, así que se enfría con rapidez y se apaga, mientras la nebulosa se desvanece y se disipa. La estrella se convierte en una *enana blanca* solitaria, tenue, pequeña (del tamaño de la Tierra) y densa, un rescoldo estelar inerte que se irá enfriando poco a poco hasta oscurecerse por completo. Las estrellas enanas blancas son tan densas que poseen un campo gravitatorio muy intenso que las comprime. Las enanas blancas se sostienen mediante un tipo de presión desconocida hasta 1925 que se descubrió gracias a la mecánica cuántica, la llamada *presión de degeneración de electrones*. Es curioso que se necesite un fenómeno producido por lo más pequeño para sostener toda una estrella.

**EXPLOSIÓN EN 3 SEGUNDOS**

Las enanas blancas son las cenizas de estrellas muertas. Aunque abundan, son muy tenues y hasta imperceptibles y, por tanto, difíciles de localizar.

**ÓRBITA EN 3 MINUTOS**

Una característica inesperada de la teoría de las enanas blancas es que la presión de degeneración de electrones solo es efectiva para sostener una estrella enana blanca si esta posee una masa inferiora 1.4 veces la del Sol. Cuando el núcleo de una estrella con una masa superior intenta generar una enana blanca, se colapsa y se convierte en una estrella de neutrones o un agujero negro.

**TEMAS RELACIONADOS**

*Véanse* también
PÚLSARES
página 64
AGUJEROS NEGROS
página 70
NUBES MOLECULARES Y NEBULOSAS
página 78
OBJETOS MESSIER
página 80

**MINIBIOGRAFÍAS**

SUBRAHMANYAN CHANDRASEKHAR
1910-1995
Astrofísico indioestadounidense que estudió las enanas blancas.

**TEXTO EN 30 SEGUNDOS**

Paul Murdin

***Una estrella gigante roja pierde las capas exteriores, que envuelven el astro con una bonita nebulosa. El objeto se convierte en una pequeña enana blanca.***

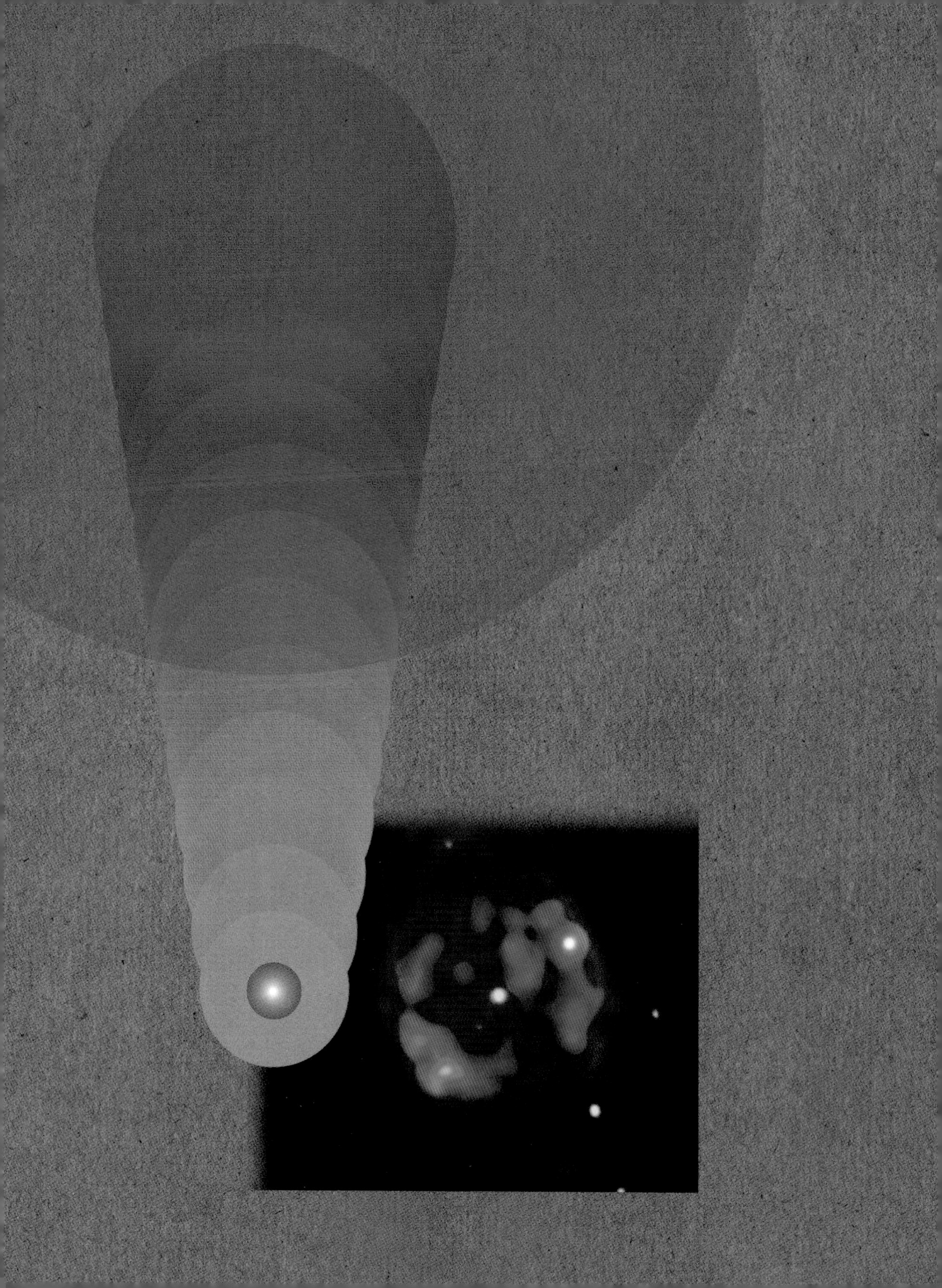

# PÚLSARES

## astronomía en 30 segundos

Al igual que las enanas blancas, las estrellas de neutrones son cenizas estelares formadas a partir del núcleo interior de algunas estrellas masivas que, una vez agotado su combustible nuclear, ponen fin a su existencia con explosiones de supernovas. El núcleo se contrae hasta convertirse en un astro de neutrones extremadamente denso, cuya masa ronda la del Sol pero que tan solo mide entre 15 y 25 km de diámetro; la densidad es comparable a la de una montaña comprimida hasta caber en una sola cucharilla de café. Durante la contracción, la rotación del núcleo se acelera del mismo modo que aumenta la velocidad de giro cuando los brazos estirados se ciñen al cuerpo al practicar patinaje sobre hielo. Si antes el astro completaba una rotación en un día o en un mes, al quedar comprimido en una estrella de neutrones el núcleo completará cada giro en menos de un segundo. Al mismo tiempo, cualquier campo magnético que atraviese el núcleo se intensifica enormemente. El campo magnético genera un amplio espectro de radiación que incluye la emisión de ondas de radio hacia el espacio. Si la rotación lanza esa emisión en la dirección de la Tierra, la estrella se nos revela como un pulso, semejante a un faro. La expresión inglesa *pulsating radio star* («radioestrella pulsante»), empleada para describir estas estrellas de neutrones, se abrevia como *púlsar*.

**EXPLOSIÓN EN 3 SEGUNDOS**

Los púlsares, formados en explosiones de supernova, son estrellas de neutrones que se manifiestan como radioestrellas pulsantes.

**ÓRBITA EN 3 MINUTOS**

Algunos púlsares existen en estrellas binarias; algunos de estos sistemas consisten en una estrella de neutrones en órbita alrededor de una estrella ordinaria; otros consisten en dos estrellas de neutrones. Las estrellas de neutrones binarias pierden energía y se acercan entre sí, y (aunque esto no se ha observado) se cree que al final acaban fundiéndose en un cataclismo inmenso que da lugar a una explosión de rayos gamma y un agujero negro.

**TEMAS RELACIONADOS**

*Véanse* también
SUPERNOVAS
página 68
AGUJEROS NEGROS
página 70
FUENTES EXPLOSIVAS DE RAYOS GAMMA
página 106
EL ESPECTRO DE LA LUZ
página 122

**MINIBIOGRAFÍAS**

ANTONY HEWISH
1924-
Radioastrónomo británico, director doctoral de Bell Burnell y codescubridor de los púlsares.

JOCELYN BELL BURNELL
1943-
Astrónoma británica, descubridora de los púlsares.

**TEXTO EN 30 SEGUNDOS**

Paul Murdin

***Un púlsar pequeño y denso aporta energía a los gases arremolinados en el centro de la nebulosa del Cangrejo, situada alrededor de un remanente de supernova y un púlsar.***

**1943**
Nace en Belfast

**1954**
Ingresa en un colegio cuáquero en York

**1965**
Se gradúa en física en la Universidad de Glasgow

**1967**
Primera observación de lo que acabará conociéndose como el primer púlsar, CP 1919

**1968**
Primer uso del término *púlsar*

**1969**
Termina el doctorado en la Universidad de Cambridge

**1974**
Antony Hewish y Martin Ryle comparten el Premio Nobel de física; no se menciona a Bell Burnell

**1978**
Recibe el Premio Robert Oppenheimer Memorial

**1979**
Publica el artículo «Little Green Men, White Dwarfs or Pulsars?» en *Cosmic Search Magazine*

**1987**
Recibe el Premio Beatrice M. Tinsley de la Sociedad Astronómica Estadounidense

**1989**
Es galardonada con la Medalla Herschel de la Real Sociedad Astronómica de Londres

**1991**
Es profesora de física de la Universidad Abierta del Reino Unido (Open University) y docente visitante en la Universidad de Princeton

**1999**
La nombran comendadora de la Orden del Imperio Británico por sus logros en astronomía

**2001-2004**
Preside la Real Sociedad Astronómica británica

**2003**
La nombran miembro de la Real Sociedad británica

**2008**
Recibe el título de dama

**2008-2010**
Se convierte en la primera mujer que preside el Institute of Physics

# JOCELYN BELL BURNELL

Susan Jocelyn Bell nació en 1943 en Belfast, Irlanda del Norte, en el seno de una familia cuáquera. A los once años de edad no obtuvo las calificaciones necesarias para ingresar en un colegio público británico reservado a niños con unas dotes académicas especiales. Aquel fracaso fue un contratiempo y, según ha afirmado ella misma, el empeño que puso en superarlo la animó a estudiar astronomía, por entonces una carrera difícil y solitaria para una mujer.

Mientras se doctoraba en Cambridge bajo la dirección de Antony Hewish, realizó el descubrimiento que cambió nuestra manera de ver el universo. Bell se dedica al campo de la radioastronomía: como parte de su tesis doctoral, participó en la construcción y el mantenimiento de la Red de Centelleo Interplanetario, un radiotelescopio inmenso (de 1.6 hectáreas) instalado en el Observatorio Radioastronómico Mullard de Cambridge. Parte del trabajo de Bell consistía en interpretar el torrente de datos que producía el telescopio cada 24 horas, y en noviembre de 1967 reparó en lo que acabaría conociéndose como una «mancha» en la gráfica. Era un detalle minúsculo muy fácil de pasar por alto, pero Bell se fijó en su evolución. Al final se identificó como un fenómeno que no se había observado antes, una estrella pulsante (púlsar), que más tarde acabaría llamándose CP 1919. El hallazgo entusiasmó al mundo astronómico, y hasta se bromeó con «hombrecillos verdes», porque una de las explicaciones teóricas de aquellos pulsos regulares de ondas de radio era que podía haber «alguien ahí fuera» enviando señales al vacío. Al final se esclareció que los púlsares son estrellas de neutrones que emiten pulsos regulares de radiación. Bell (que pasó a llamarse Jocelyn Bell Burnell tras casarse con Martin Burnell en 1968) descubrió tres púlsares más, con lo que abrió toda una rama nueva de estudio dentro de la astrofísica.

Aunque el nombre Bell Burnell está indisolublemente ligado en la actualidad a ese gran hallazgo, dio lugar a una controversia fuera del mundo de la astrofísica que aún no está resuelta. El nombre de la astrónoma había aparecido en segundo lugar en el artículo que anunció el descubrimiento, pero el Premio Nobel que generó lo recibieron Hewish y Martin Ryle (jefe del equipo de investigación), sin ninguna mención a Bell Burnell. No es habitual que no se reconozca el trabajo de los ayudantes de investigación, aunque realicen la mayoría del trabajo rutinario; sin embargo, muchas personas consideraron que los púlsares se habían detectado únicamente gracias a la perseverancia de Bell Burnell y a la atención que ponía en los detalles, y su exclusión despertó protestas. Sir Fred Hoyle, en particular, fue el gran defensor de Bell Burnell.

# SUPERNOVAS

## astronomía en 30 segundos

Durante las últimas fases evolutivas de una estrella masiva, esta genera energía mediante la producción de elementos cada vez más pesados en su núcleo. El punto final de este proceso en estrellas con más de 8 masas solares ocurre con la creación de hierro, tras lo cual ya no se libera energía mediante fusión. Entonces el astro de repente agota el combustible. El núcleo se desploma bajo la gravitación y da lugar a una estrella de neutrones o a un agujero negro; a medida que se contrae, se vuelve más denso y caliente, y libera tanta energía que la explosión de supernova puede llegar a superar de manera transitoria el brillo de la galaxia que la alberga. El resto de la estrella se hace añicos. Los escombros calientes salen despedidos por la explosión y forman una envoltura de materia que se expande a unos 15 000 km/s y arrastra consigo todo el gas interestelar que encuentre a su paso. El material se comprime en una estructura filamentosa conocida como remanente de supernova. Un flujo intenso de neutrones liberados durante la explosión permite la formación de los elementos más pesados. Tanto estos como los que se forjaron originalmente en el núcleo del astro salen despedidos hacia el espacio, donde se mezclan con las nubes de gas y polvo circundantes y, con el tiempo, se reciclan en nuevas generaciones de estrellas y planetas.

### EXPLOSIÓN EN 3 SEGUNDOS

El fin de una estrella masiva va precedido por una de las explosiones más colosales del universo, conocidas como supernovas.

### ÓRBITA EN 3 MINUTOS

Un tipo distinto de explosión de supernova se puede producir cuando una enana blanca absorbe material de forma progresiva de una compañera grande, dentro de un sistema binario. Una vez que la masa total supera el umbral de las 1.4 masas solares, explota por completo y da lugar a una supernova de tipo 1a. No obstante, estas supernovas ocurren rara vez: se estima que dentro de una galaxia media se produce una por siglo.

### TEMAS RELACIONADOS


*Véanse* también
ESTRELLAS BINARIAS
página 56
ESTRELLAS GIGANTES
página 60
ENANAS BLANCAS
página 62


### MINIBIOGRAFÍAS

WILLIAM FOWLER
**1911-1995**
Astrofísico estadounidense.

FRED HOYLE
**1915-2001**
Astrónomo británico.

MARGARET Y GEOFFREY BURBIDGE
**1919- y 1925-2010**
Astrónomos británico-estadounidenses.

### TEXTO EN 30 SEGUNDOS

Andy Fabian

***Las estrellas gigantes mueren con una explosión de supernova, lo que deja tras de sí una estrella de neutrones o un agujero negro, rodeados por gas caliente en expansión.***

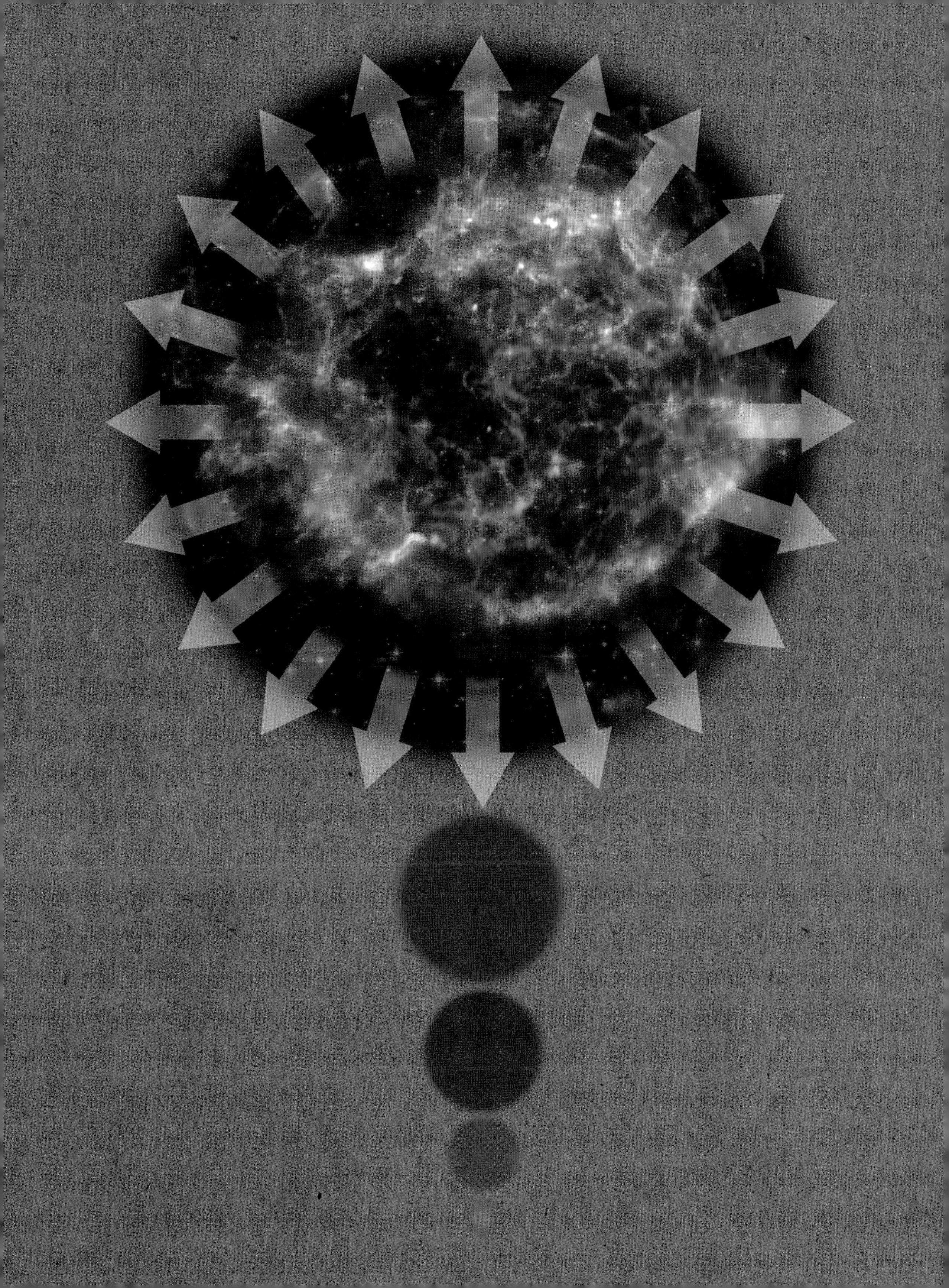

# AGUJEROS NEGROS

## astronomía en 30 segundos

La existencia de los agujeros negros la planteó por primera vez el filósofo inglés del siglo XVIII John Michell, quien en 1783 se preguntó si podrían existir estrellas con una masa tan grande y una gravitación tan intensa que nada, ni siquiera la luz, pudiera escapar de ellas. Las denominó «estrellas oscuras», un término que describe a la perfección los agujeros negros. Ahora sabemos que los hay de muchos tamaños. Los agujeros negros estelares comprimen la masa de diez soles en un área del tamaño de una gran ciudad, y conocemos docenas de ellos dentro de la Galaxia. Los agujeros negros supermasivos tienen una masa de entre 1 millón y 10 000 millones de masas solares, y residen en el centro de muchas galaxias, incluida la nuestra; y también se conocen unos cuantos agujeros negros intermedios cuyas masas se sitúan entre esos dos extremos. Aunque los agujeros negros son conocidos por ejercer una atracción gravitatoria enorme, sus efectos solo se notan en sus proximidades. Cuando un objeto se encuentra cerca de un agujero negro, las zonas más próximas a él soportan mucha más fuerza gravitatoria que las partes más alejadas, de tal modo que el objeto se estira en largas y delgadas hebras, un proceso que se conoce como «espaguetificación». Por suerte, el agujero negro más próximo a nosotros dista más de 3000 años luz.

**EXPLOSIÓN EN 3 SEGUNDOS**

En un agujero negro la materia experimenta una gran contracción. La gravitación es tan intensa que lo absorbe todo.

**ÓRBITA EN 3 MINUTOS**

La búsqueda de estrellas oscuras en la negrura del espacio es muy difícil. Los astrónomos no ven los agujeros negros en sí, sino sus efectos en el entorno. Cuando estrellas desmembradas caen hacia un agujero negro, se calientan tanto que emiten rayos X; observando la rapidez con que una estrella orbita alrededor de un agujero negro, se puede calcular la masa de ambos.

**TEMAS RELACIONADOS**

*Véanse* también
LA GALAXIA
página 82
FUENTES EXPLOSIVAS DE RAYOS GAMMA
página 106
CUÁSARES
página 108

**MINIBIOGRAFÍAS**

JOHN MICHELL
1724-1793
Filósofo inglés que planteó la existencia de agujeros negros.

KARL SCHWARZSCHILD
1873-1916
Físico alemán que resolvió las ecuaciones de la relatividad general de Einstein para describir las condiciones alrededor de un agujero negro.

**TEXTO EN 30 SEGUNDOS**

Darren Baskill

***Cuando una estrella deambula demasiado cerca de un agujero negro, experimenta una «espaguetificación» debido al intensísimo campo gravitatorio de este.***

LA GALAXIA

## LA GALAXIA
GLOSARIO

**cometas** Objetos de hielo con una cabellera (una atmósfera transitoria) y una cola, en órbita alrededor del Sol, y que se tornan visibles cuando se acercan mucho a este. La cola apunta en la dirección opuesta al Sol, mientras que la cabellera curvada sigue la trayectoria del cometa.

**cúmulo de galaxias de Virgo** Grupo de galaxias en la constelación de Virgo. El grupo alberga unas 2000 galaxias y constituye el núcleo del supercúmulo de Virgo, aún mayor. El Grupo Local de galaxias (al que pertenecen la nuestra y Andrómeda) forma parte del supercúmulo de Virgo y orbita alrededor del cúmulo de Virgo.

**cúmulo de las Pléyades** Grupo de estrellas también conocido como Messier 45, otro de los «objetos Messier» que localizó y recopiló el astrónomo francés del siglo XVIII Charles Messier. Este cúmulo dista unos 425 años luz de la Tierra y contiene cientos de estrellas, aunque a simple vista solo se distinguen unas pocas. Estos astros brillantes y azules también reciben el nombre popular de «Las Siete Cabrillas» o «Las Siete Hermanas».

**cúmulo estelar abierto** Grupo poco compacto de estrellas que se mantiene unido por la atracción gravitatoria mutua y que orbita alrededor del centro de una galaxia. Las Pléyades son un ejemplo de cúmulo abierto. Se cree que hay más de 1100 cúmulos estelares abiertos dentro de nuestra Galaxia.

**cúmulo globular** Agrupación de estrellas muy apretadas en una figura esférica sostenida por la gravitación. Orbita alrededor del núcleo de una galaxia. Nuestra Galaxia alberga entre 150 y 160 cúmulos globulares, que contienen algunas de las estrellas más viejas de la Galaxia.

**formación estelar eruptiva** Episodio de intensa formación estelar. Durante una fase eruptiva de formación estelar, se forman estrellas a un ritmo hasta 100 veces mayor que el de la aparición de estrellas en condiciones normales.

**galaxia** Sistema formado por estrellas, nubes de gas, polvo y materia oscura, que se mantienen unidos por la atracción gravitatoria.

**galaxia de Andrómeda** Objeto también conocido como Messier 31, la galaxia más cercana a la nuestra (la Galaxia), aparte de cierta cantidad de galaxias compañeras menores que son satélites de la Galaxia. La galaxia de Andrómeda es de tipo espiral, está situada a una distancia aproximada de dos millones y medio de años luz y contiene 1 billón de estrellas (1 000 000 000 000).

**galaxia del Triángulo** También conocida como Messier 33, es una galaxia espiral en la constelación del Triángulo. Forma parte del Grupo Local de galaxias al que también pertenecen la nuestra y la de Andrómeda. La galaxia del Triángulo dista 3 millones de años luz de la Tierra, pero en condiciones muy buenas de visibilidad llega a detectarse a simple vista, lo que la convierte en uno de los objetos más distantes que se pueden observar sin telescopio.

**galaxia elíptica** Galaxia en forma de elipsoide (una elipse tridimensional). Uno de los tres tipos de galaxias que identificó en 1936 el astrónomo estadounidense Edwin Hubble, aparte de las galaxias lenticulares y espirales.

**galaxia espiral** Tipo de galaxia con un grupo central de estrellas (un bulbo) y con brazos espirales formados por estrellas, gas y polvo que se despliegan hacia fuera en una estructura discoidal giratoria.

**galaxia lenticular** Tipo de galaxia discoidal con un grupo central de estrellas (llamado *bulbo*), similar a una galaxia espiral pero sin los brazos espirales característicos.

**medio interestelar** La materia que llena el espacio situado entre los sistemas estelares de una galaxia. Consiste sobre todo en gas y polvo; a partir de estos materiales se forman estrellas nuevas. La luz que genera su nacimiento calienta los átomos de gas que quedan y torna visibles nebulosas rosadas y rojizas en el entorno de las estrellas nuevas.

**nebulosa** Nube visible de polvo o gas en el espacio interestelar. Las nebulosas de emisión se ven porque los átomos de gas que contienen se calientan con la luz ultravioleta que emite una estrella cercana; las nebulosas de reflexión se ven porque reflejan la luz de una estrella o un grupo de estrellas de los alrededores; las nebulosas oscuras se detectan porque bloquean la luz de una estrella o un grupo de estrellas situados tras ellas.

**nebulosa de Orión** También conocida como Messier 42, es una región inmensa de gas y polvo (de 13 años luz de ancho) situada justo al sur del Cinturón de Orión, en la constelación de Orión.

**nebulosas difusas de formación estelar** Nubes situadas en el medio interestelar con una densidad más alta de la habitual y donde se forman estrellas.

**patrón de luminosidad** Objeto astrofísico con una luminosidad conocida que se puede emplear para calcular a qué distancia de la Tierra se encuentra la formación en la que está inmerso. Las variables cefeidas se emplean como patrones de luminosidad.

**variable cefeida** Tipo de estrella que pasa de un estado comprimido a un estado expandido. Estas estrellas (cuyas masas se hallan entre 5 y 20 veces la del Sol) se expanden cuando la presión aumenta, y se contraen porque la presión desciende cuando la estrella se encuentra expandida. Las cefeidas se usan en astronomía para determinar distancias extragalácticas.

# CONSTELACIONES

astronomía en 30 segundos

Las diferentes estrellas que vemos en cada constelación rara vez mantienen alguna relación física entre sí, lo que sucede es que caen por casualidad dentro de la misma línea de visión al contemplarlas desde la Tierra. Las constelaciones son un conjunto de segmentos que conforman figuras reconocibles de estrellas llamadas *asterismos*. Por ejemplo, el asterismo conocido como El Carro se corresponde con las siete estrellas más brillantes de la constelación, más extensa, de la Osa Mayor. La mayoría de las constelaciones toma su nombre del tratado de astronomía titulado *Almagesto* que escribió el astrónomo egipcio Claudio Tolomeo en el siglo II d. C. El movimiento aparente de las estrellas en el firmamento se debe a la rotación de la Tierra sobre su eje. Las vemos girar alrededor del eje de rotación de la Tierra, que está casi alineado con la estrella polar (Polaris). Los planetas y la Luna orbitan alrededor del Sol casi sobre el mismo plano, llamado eclíptica. Como consecuencia, tanto el Sol como el resto de los planetas y la Luna se muestran como objetos que se desplazan sobre el mismo círculo de la esfera celeste de la Tierra, contra un fondo de estrellas que apenas experimenta cambios en el lapso de una vida humana. Las constelaciones atravesadas por este círculo son las 13 constelaciones zodiacales.

**EXPLOSIÓN EN 3 SEGUNDOS**

La esfera celeste se divide en 88 constelaciones, regiones del cielo delimitadas por figuras reconocibles de estrellas vistas desde la Tierra.

**ÓRBITA EN 3 MINUTOS**

Miles de millones de personas creen que el comportamiento humano está condicionado por la posición de los planetas en el cielo, las fases lunares o los signos del Zodiaco (basándose en la constelación por la que salía el Sol hace 2000 años en la fecha de su nacimiento). Sin embargo, no existe el más mínimo indicio de que alguna propiedad física de los objetos astronómicos (como la gravitación o la luz) ejerza algún influjo sobre la gente.

**TEMAS RELACIONADOS**

*Véanse* también
LA LUNA
página 20
COLOR Y BRILLO DE LAS ESTRELLAS
página 54
LA GALAXIA
página 82

**MINIBIOGRAFÍAS**

CLAUDIO TOLOMEO
**h. 100-h.170 d. C.**
Astrónomo egipcio.

NICOLAS LOUIS DE LACAILLE
**1713-1762**
Astrónomo francés que catalogó 10 000 estrellas.

**TEXTO EN 30 SEGUNDOS**

François Fressin

***Las siete estrellas que forman El Carro en la constelación de la Osa Mayor no están relacionadas, y todas se encuentran a distancias distintas de la Tierra.***

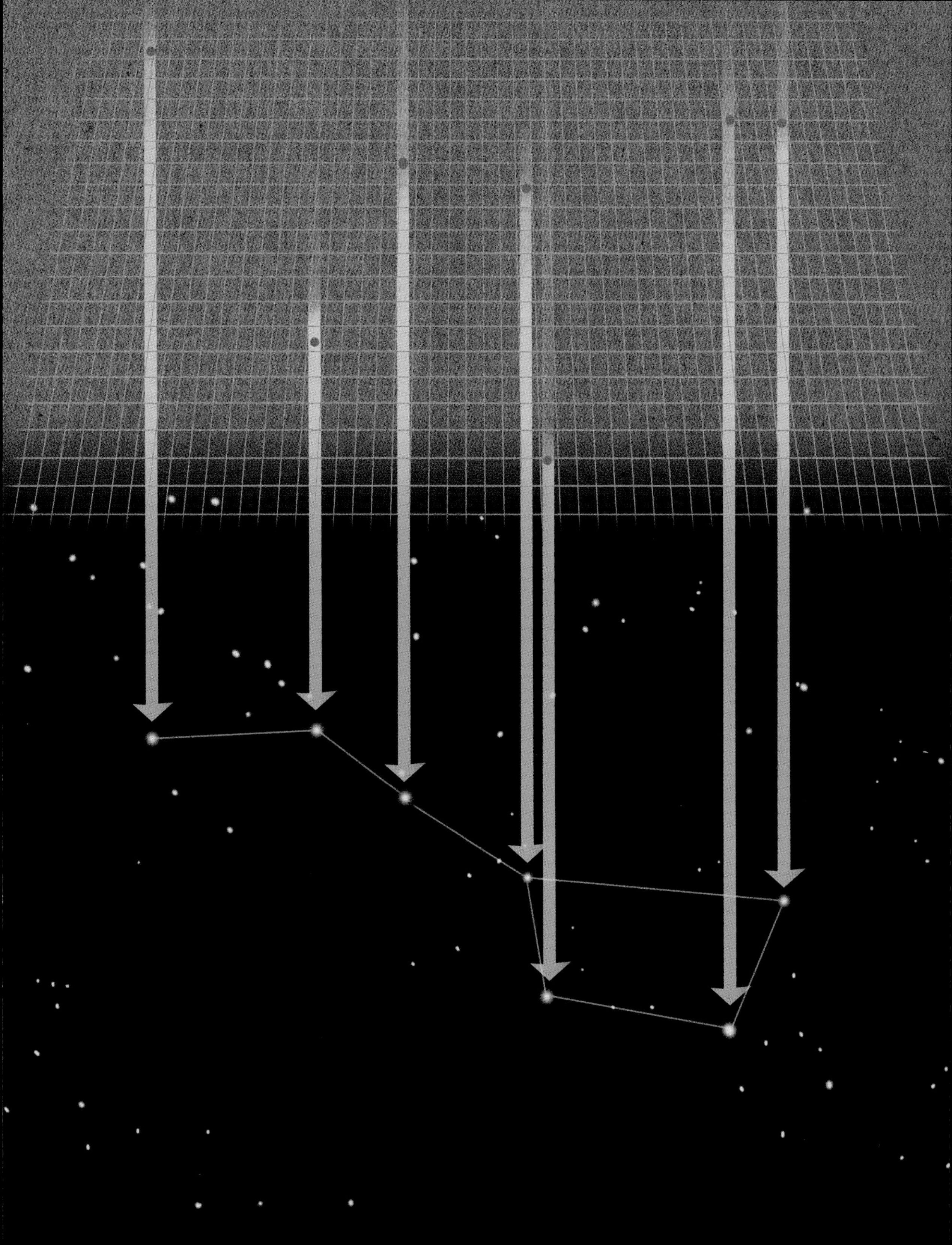

# NUBES MOLECULARES Y NEBULOSAS

astronomía en 30 segundos

El espacio que media entre las estrellas no está completamente vacío, sino que rebosa de átomos y moléculas de gas que conforman el medio interestelar. La masa conjunta de todo el gas de la galaxia solo asciende a la décima parte del contenido en las estrellas, pero se encuentra concentrado en nubes difusas desplegadas por los brazos espirales. La materia de las nubes, a temperaturas de entre decenas y centenas de grados por encima del cero absoluto, es tan fría que en su mayoría se encuentra en forma de átomos neutros de hidrógeno, y por tanto es transparente a las longitudes de onda de la luz visible. Las nubes portan trazas de elementos más pesados (como carbono, oxígeno y hierro) reciclados del núcleo de estrellas masivas en explosiones que marcan la muerte de las estrellas. Las bolsas más frías y densas que residen en el interior de estas nubes proporcionan las condiciones perfectas para el surgimiento de estrellas. Las estrellas recién formadas a partir del medio interestelar bañan las nubes circundantes con luz energética que calienta los átomos de gas y los hace brillar. El gas se revela entonces como una nebulosa bien definida de tonos rosados y rojizos, acompañada de cúmulos de estrellas jóvenes azules alineados sobre los brazos espirales.

**EXPLOSIÓN EN 3 SEGUNDOS**

Las nubes de gas interestelar son la reserva a partir de la que se forman las estrellas nuevas, sus sistemas planetarios y la posible vida alojada en ellos.

**ÓRBITA EN 3 MINUTOS**

Las partículas sólidas diminutas («granos de polvo») se mezclan con el gas. Las concentraciones más densas inmersas en una nebulosa crean siluetas opacas contra la luz del fondo. El polvo protege el núcleo de esas nubes del calor y la luz; las temperaturas caen hasta unos pocos grados por encima del cero absoluto, y los átomos pueden formar moléculas complejas. El tamaño característico de estas nubes moleculares se sitúa entre 3 y 50 años luz, y llegan a contener hasta 1000 masas solares de materia.

**TEMAS RELACIONADOS**

*Véanse* también
SUPERNOVAS
página 68
OBJETOS MESSIER
página 80
LA GALAXIA
página 82
ESTRUCTURAS EXTRAGALÁCTICAS
página 88

**MINIBIOGRAFÍAS**

BART BOK
1906-1983
Astrónomo estadounidense nacido en los Países Bajos.

**TEXTO EN 30 SEGUNDOS**

Carolin Crawford

***Los átomos de gas contenidos en una nube fría y difusa de gas interestelar se calientan en las proximidades de cúmulos estelares recién formados; entonces emiten luz visible y brillan en forma de nebulosas.***

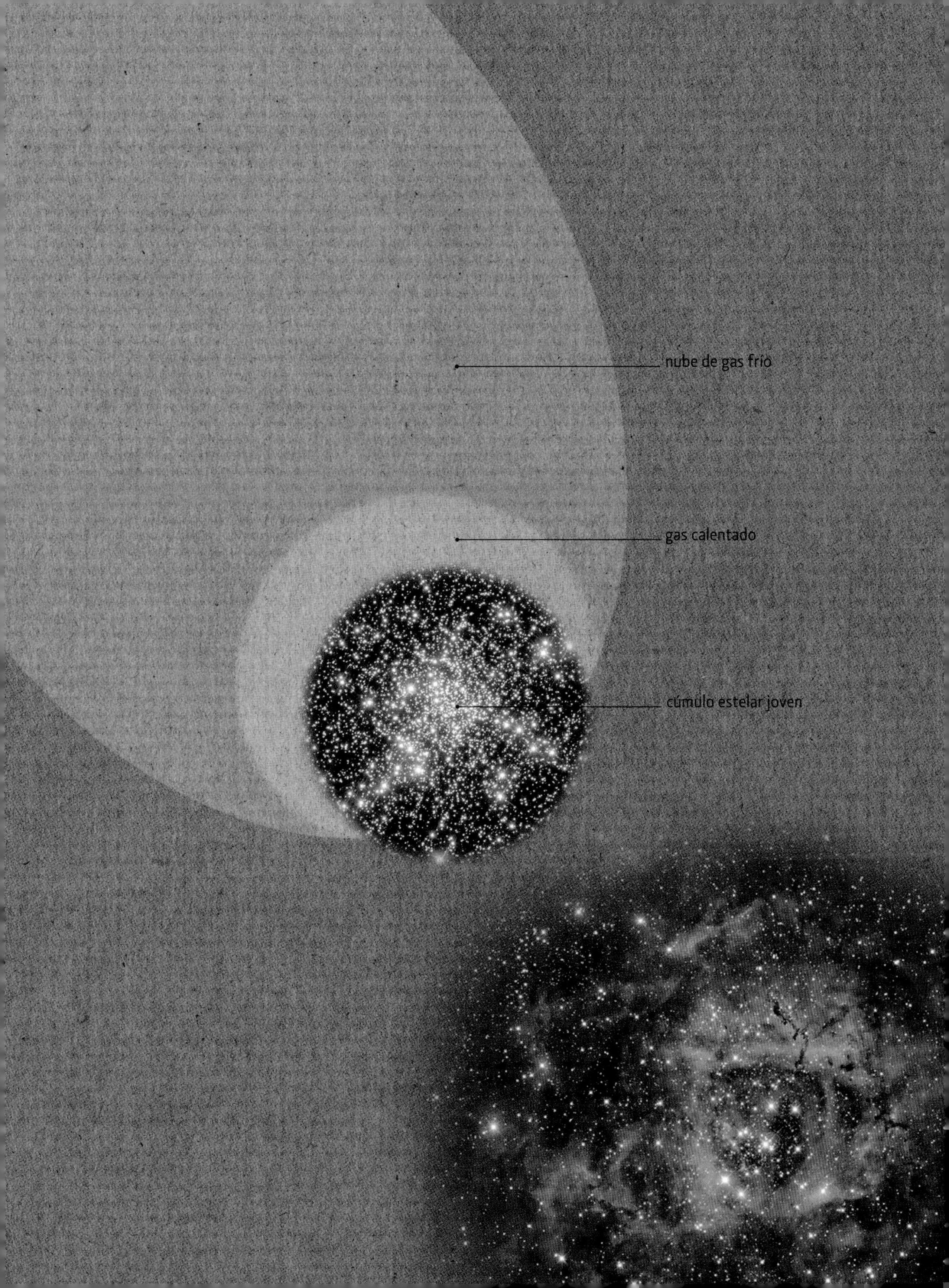

nube de gas frío

gas calentado

cúmulo estelar joven

# OBJETOS MESSIER

astronomía en 30 segundos

Charles Messier se dedicó a encontrar y observar cometas nuevos; fue uno de los primeros «cazadores de cometas». Estos se mostraban en su telescopio como manchas de luz vagas, tenues y borrosas cuya naturaleza solo se manifestaba mediante su desplazamiento día a día contra el fondo fijo de las estrellas. Messier veía frustradas sus búsquedas debido a otras estructuras tenues que, a diferencia de los cometas, permanecían quietas en el firmamento. Para evitar la confusión, recopiló un catálogo con las nebulosas que podían confundirse con cometas; muchos de esos objetos fueron descubrimientos suyos, pero algunos se percibían a simple vista (como la nebulosa de Orión o el cúmulo de las Pléyades), o los sacó de trabajos de otros astrónomos, como Edmond Halley. Curiosamente, hoy apenas recordamos a Messier por los cometas que descubrió; lo recordamos más por su catálogo de objetos no cometarios. El catálogo Messier actual reúne 110 objetos diversos que van desde cúmulos globulares y abiertos hasta remanentes de supernovas, nebulosas planetarias y nebulosas difusas de formación estelar. El catálogo también incluye 40 galaxias (consideradas nebulosas antes de conocerse su verdadera naturaleza), 16 de ellas pertenecientes al cercano cúmulo de galaxias de Virgo.

**EXPLOSIÓN EN 3 SEGUNDOS**

El astrónomo francés del siglo XVIII Charles Messier confeccionó un catálogo de nebulosas que reúne algunos de los objetos más interesantes del firmamento.

**ÓRBITA EN 3 MINUTOS**

Los objetos Messier suelen contarse entre los ejemplos más próximos y conocidos de su clase. Messier realizó sus observaciones con un telescopio comparable a los instrumentos más simples disponibles en la actualidad, de modo que su catálogo ofrece una selección de objetos muy adecuada para las personas aficionadas a la astronomía. El denominado «maratón Messier» consiste en observar la mayor cantidad de objetos del catálogo durante una sola noche; solo a finales de la primavera y desde latitudes septentrionales bajas se pueden observar todos ellos.

**TEMAS RELACIONADOS**


*Véanse* también
COMETAS
página 46
NUBES MOLECULARES Y NEBULOSAS
página 78
LAS OTRAS GALAXIAS
página 86
ESTRUCTURAS EXTRAGALÁCTICAS
página 88


**MINIBIOGRAFÍAS**

EDMOND HALLEY
1656-1742
Astrónomo inglés.

CHARLES MESSIER
1730-1817
Astrónomo francés.

**TEXTO EN 30 SEGUNDOS**

Carolin Crawford

***El cazador de cometas Charles Messier recopiló un catálogo con algunos de los objetos astronómicos más brillantes y conocidos de todo el firmamento.***

N
M
H
G
F
a
b
E
b
B
a
B
C
A
A

# LA VÍA LÁCTEA

## astronomía en 30 segundos

**EXPLOSIÓN EN 3 SEGUNDOS**
El Sol no es más que una de los 100 000 millones de estrellas que conforman la inmensa estructura espiral de la Galaxia.

**ÓRBITA EN 3 MINUTOS**
La Galaxia pertenece al denominado Grupo Local, formado por unos 30 componentes entre los que se cuentan las galaxias espirales de Andrómeda y del Triángulo y numerosas galaxias enanas que se orbitan entre sí. La gravitación nos empuja constantemente hacia la galaxia de Andrómeda, gemela de la nuestra y situada a unos dos millones y medio de años luz de distancia. Se cree que ambas galaxias se fundirán en una sola dentro de unos 6000 millones de años y darán lugar a una galaxia nueva y mucho mayor.

Todas las estrellas que se divisan a simple vista se encuentran alojadas en nuestra Galaxia. Todas ellas residen sobre una estructura plana en forma de disco de 100 000 años luz de diámetro, que se percibe como una banda de luz difusa que serpentea por el cielo: la Vía Láctea. Los cúmulos de estrellas azules, las nebulosas brillantes y los cortes oscuros de polvo estelar perfilan los brazos espirales. El Sol reside en el interior de este disco, a medio camino entre el centro y el borde exterior. Un bulbo central de estrellas más viejas alberga un agujero negro supermasivo y latente en su núcleo, con una masa 4 millones de veces mayor que la del Sol. El Sol gira, junto con todo el resto de las estrellas del disco, alrededor del centro de la Galaxia como respuesta al empuje gravitatorio de todo el material situado en la parte central; viaja a una velocidad de 220 km/s y tarda 240 millones de años en completar una órbita. Las estrellas exteriores rotan demasiado deprisa como para permanecer unidas a la Galaxia, pero no se salen de su órbita, tal como cabría esperar. Esto sugiere que hay mucha más materia ejerciendo su atracción gravitatoria sobre las estrellas que la observada en forma de estrellas y gas, y constituye un indicio de la existencia de «materia oscura».

**TEMAS RELACIONADOS**
*Véanse* también
NUBES MOLECULARES Y NEBULOSAS
página 78
ESTRUCTURAS EXTRAGALÁCTICAS
página 88
MATERIA OSCURA
página 110
AÑOS-LUZ Y PÁRSECS
página 118

**MINIBIOGRAFÍAS**
HEBER CURTIS
1872-1942
Astrónomo estadounidense.

HARLOW SHAPLEY
1885-1972
Astrónomo estadounidense.

JAN OORT
1900-1992
Astrónomo neerlandés.

**TEXTO EN 30 SEGUNDOS**
Carolin Crawford

***El Sistema Solar reside en un brazo espiral de la Galaxia.***

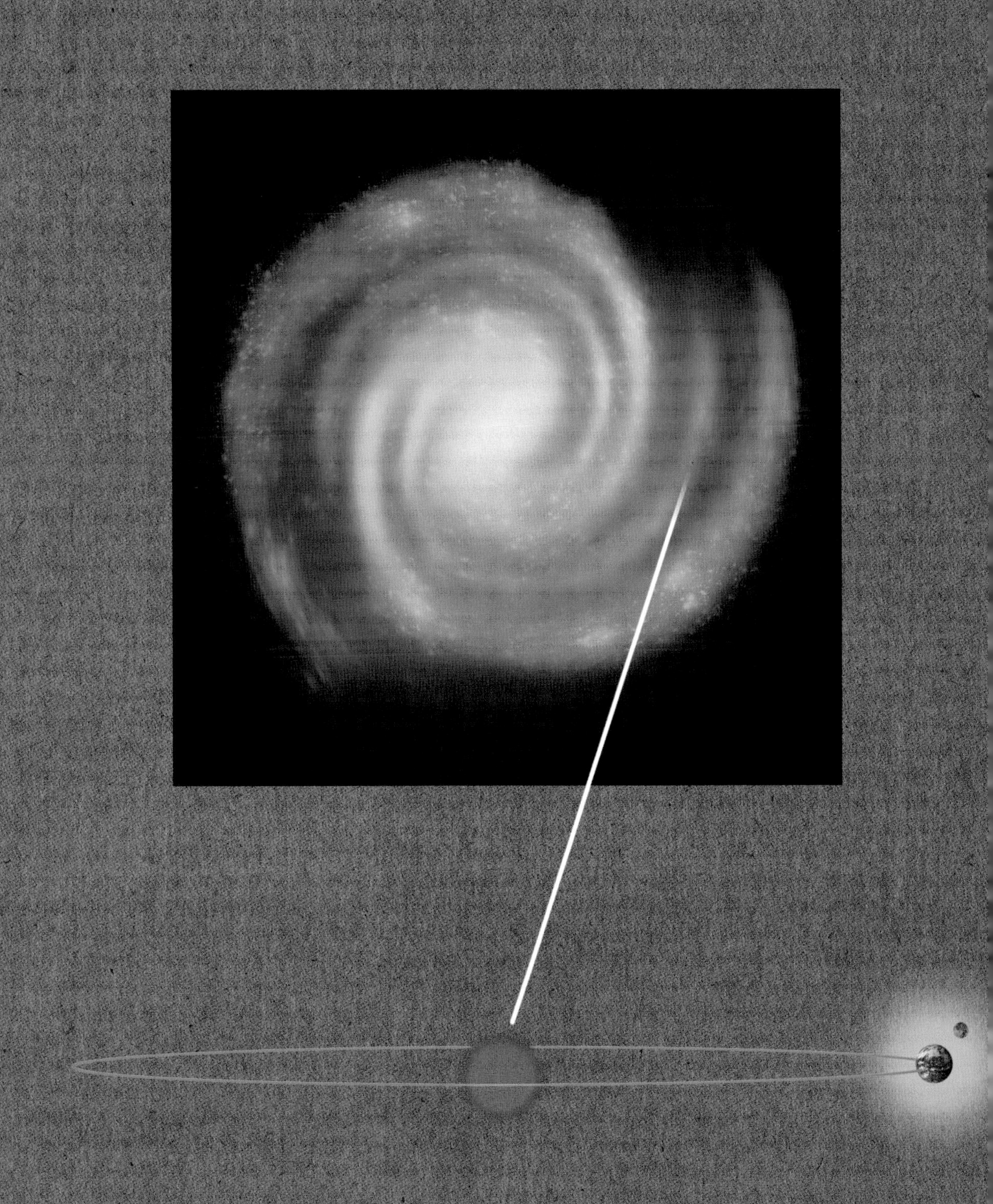

1738
Nace en Hannover, Alemania

1757
Emigra a Inglaterra

1766
Asume el puesto de organista de la Octagon Chapel de Bath.

1774
Comienza a construir telescopios y a observar el firmamento empezando por la nebulosa de Orión

1780
Lo nombran director de la orquesta de Bath

1781
Elegido miembro de la Real Sociedad británica

1781
Descubre lo que acabaría conociéndose como el planeta Urano

1782
Deja la música para convertirse en astrónomo real de la Corte

1783
Empieza a realizar barridos regulares del cielo

1783-1802
Observa y cataloga alrededor de 2500 nebulosas y cúmulos estelares desconocidos hasta entonces.

1783
Publica observaciones que conducen al descubrimiento del movimiento del Sol (la teoría de que el Sistema Solar se desplaza por el cosmos)

1789
Concluye su mayor telescopio, de 1.2 metros de abertura

1800
Descubre la radiación infrarroja

1801
Conoce a Napoleón Bonaparte y a Charles Messier

1802
Publica la obra *Catalogue of 500 new Nebulae, nebulous Stars, planetary Nebulae, and Clusters of Stars; with Remarks on the Construction of the Heavens*; teoriza sobre la idea de que algunas estrellas dobles podrían ser binarias que se orbitan entre sí

1803
Publica *Account of the Changes that have happened, during the l ast Twenty-five Years, in the relative Situation of Double-stars; with an Investigation of the Cause to which they are owing*

1820
Cofundador de la Sociedad Astronómica británica, que obtuvo carácter real en 1831

1822
Muere en Slough, Berkshire

# WILHELM HERSCHEL

El fundador de la astronomía estelar moderna, el descubridor de las estrellas binarias y la primera persona que reparó en que el Sistema Solar se mueve no era, por sorprendente que parezca, astrónomo de formación ni de afición. Friedrich Wilhelm Herschel nació en Hannover en una familia de músicos, emigró a Inglaterra junto con su hermano Jacob a los 19 años y pasó cuatro años tocando y enseñando a tocar el oboe, el chelo, el clavicordio, el violín y el órgano. En 1766, ya con el nombre adaptado al mundo sajón como William Herschel, fue nombrado organista de la Octagon Chapel de Bath y se entregó a una carrera musical con la composición de 24 sinfonías. Hasta los 35 años no empezó a escudriñar los cielos. El interés de un músico por la obra *Harmonics (Armonía)* (1749) del matemático inglés Robert Smith lo guio hasta el libro de Smith titulado *A Compleat System of Opticks (Un sistema completo de óptica)* (1738), el cual despertó su interés por las lentes y los telescopios. Herschel introdujo mejoras significativas en el telescopio reflector newtoniano de la época y no tardó en cobrar fama internacional por su destreza con esos instrumentos, lo que lo llevó a construir más de 400 ejemplares y a desarrollar una lucrativa actividad paralela de manufactura y venta. Cuando descubrió la obra *Astronomy Explained on Sir Isaac Newton's Principles (Astronomía explicada sobre los principios de sir Isaac Newton)* (1756), del astrónomo escocés James Ferguson, y empezó a observar a través de sus telescopios para entretenerse durante las largas noches del invierno, el músico se convirtió en el astrónomo más destacado de su tiempo.

Tras tomar detalladas anotaciones de sus observaciones ayudado por su hermana Caroline (quien, sin saber nada sobre el cosmos, descubrió ocho cometas y al menos cuatro nebulosas), Herschel confeccionó un catálogo exhaustivo de nebulosas, numerosos cúmulos estelares, estrellas y objetos del cielo profundo que aún se usa en la actualidad. Tras la revisión, el cotejo y la criba constante de sus observaciones, consiguió reunir una lista de más de 2500 objetos celestes, emitir una teoría correcta sobre la órbita gravitatoria de estrellas binarias (de las cuales descubrió 800) y determinar que el Sistema Solar se mueve y en qué dirección (hacia lambda Herculis, una estrella de la constelación de Hércules). Durante una noche de marzo de 1781 descubrió lo que acabaría conociéndose como el planeta Urano; lo llamó Georgium Sidus («la estrella de Jorge»), en honor al rey de Inglaterra Jorge III, de la casa de Hannover. Pero consiguió muchos logros más. Descubrió dos satélites de Urano en 1787 (con posterioridad llamados Titania y Oberón), y otros dos satélites de Saturno (Mimas y Encélado), además de demostrar que la Galaxia tiene forma de disco. Y, mientras buscaba lentes adecuadas para estudiar el Sol, descubrió la radiación infrarroja.

# LAS OTRAS GALAXIAS

## astronomía en 30 segundos

Aunque las primeras observaciones telescópicas de nebulosas revelaron que algunas tenían una estructura espiral, no estaba claro si formaban o no parte de la Galaxia. Fue a comienzos de la década de 1920 cuando el astrónomo estadounidense Edwin Hubble calculó la distancia de la nebulosa de Andrómeda y con eso demostró que las nebulosas espirales están fuera y, por tanto, que la Galaxia no conforma la totalidad del universo. Existe una variedad inmensa de galaxias, desde enanas hasta gigantes, con masas que van desde una milésima parte hasta mil veces la masa de nuestra Galaxia, y con unas dimensiones de entre una centésima parte y diez veces más. Las galaxias se suelen clasificar de acuerdo con su figura óptica y su contenido. Las galaxias espirales muestran bandas brillantes de formación estelar activa que perfilan un patrón en espiral dentro del disco aplanado que rodea el bulbo central. Las galaxias elípticas, más comunes, son estructuras en forma de bola ricas en gas caliente de rayos X, pero bastante desprovistas del frío polvo y del gas interestelar necesario para una formación estelar masiva. Las galaxias sin una estructura clara se conocen como *irregulares*; estas suelen ser el resultado final de una interacción gravitatoria entre dos galaxias y lo que queda después de un episodio breve pero espectacular de «formación estelar eruptiva».

**EXPLOSIÓN EN 3 SEGUNDOS**

Nuestra Galaxia no es más que una de los 100 000 millones que hay en todo el universo observable. Cada una alberga unos 100 000 millones de estrellas.

**ÓRBITA EN 3 MINUTOS**

La medición de la distancia que nos separa de otra galaxia depende de la identificación de un objeto inmerso en ella cuyo brillo intrínseco conozcamos. Comparando la luminosidad esperable con la observada, se obtiene la distancia a la galaxia que aloja ese objeto. Entre esos objetos que funcionan como «patrones de luminosidad», se cuentan estrellas variables y supernovas. Las galaxias más lejanas que se conocen se encuentran a más de 13 200 millones de años luz de distancia y presentan un aspecto grumoso.

**TEMAS RELACIONADOS**

*Véanse* también
ESTRELLAS VARIABLES
página 58
SUPERNOVAS
página 68
NUBES MOLECULARES
Y NEBULOSAS
página 78

**MINIBIOGRAFÍAS**

HEBER CURTIS Y HARLOW SHAPLEY
1872-1942 y 1885-1972
Astrofísicos estadounidenses que en 1920 mantuvieron un debate público sobre el tamaño del universo.

EDWIN HUBBLE
1889-1953
Astrónomo estadounidense.

**TEXTO EN 30 SEGUNDOS**

Carolin Crawford

***El tamaño y la forma de las galaxias varían desde delicadas espirales hasta densas elípticas. Las que se ven más pequeñas (como las señaladas con flechas) son las más remotas.***

# ESTRUCTURAS EXTRAGALÁCTICAS

## astronomía en 30 segundos

Muchas galaxias se ven arrastradas por su gravitación conjunta hasta formar cúmulos de galaxias. Cientos y hasta miles de galaxias se concentran en un volumen del espacio de unas pocas decenas de millones de años luz de ancho. El primer cúmulo de galaxias que se localizó está incluido en el catálogo de nebulosas confeccionado por el astrónomo francés Charles Messier, el cual incluye 11 «nebulosas» en la constelación de Virgo. Los cúmulos no se catalogaron de forma sistemática hasta el advenimiento de las placas fotográficas detalladas en la década de 1950, y se identificaban a ojo por la sobreabundancia de galaxias. La mayoría de las galaxias en los cúmulos muy poblados tiene forma elíptica, con unas cuantas espirales azules en la periferia del cúmulo. El núcleo está dominado por elípticas gigantes, algunas de las cuales se cuentan entre las elípticas más masivas que se conocen. Todas las galaxias se encuentran bañadas por una atmósfera gaseosa caliente que contiene una masa diez veces mayor que la de las estrellas, pero que solo se ve en las longitudes de onda de los rayos X. Las propiedades físicas observadas de este gas, los movimientos de las galaxias dentro del cúmulo y los espejismos de lentes gravitatorias causados por fuentes situadas en el fondo apuntan a que la mayoría de la masa gravitatoria de un cúmulo consiste en materia oscura.

**EXPLOSIÓN EN 3 SEGUNDOS**

Las galaxias no siguen una distribución aleatoria por el firmamento, sino que se agrupan entre sí y forman un tejido de estructuras más grandes.

**ÓRBITA EN 3 MINUTOS**

Muchos cúmulos de galaxias se concentran en estructuras aún mayores denominadas supercúmulos, que suelen estar aplastados en concentraciones similares a láminas que se conocen como paredes. A gran escala se ve que los supercúmulos rodean regiones de una densidad inferior y de un tamaño similar, que se conocen como vacíos. Los estudios de galaxias muestran que este delicado patrón se repite a medida que avanzamos hacia fuera, lo que confiere al universo un aspecto claramente celular a las mayores escalas.

**TEMAS RELACIONADOS**

*Véanse* también
LAS OTRAS GALAXIAS
página 86
RAYOS X CÓSMICOS
página 104
MATERIA OSCURA
página 10

**MINIBIOGRAFÍAS**

HARLOW SHAPLEY
1885-1972
Astrónomo estadounidense.

GEORGE O. ABELL
1927-1983
Astrónomo estadounidense que catalogó cúmulos de galaxias.

**TEXTO EN 30 SEGUNDOS**

Carolin Crawford

***A las mayores escalas del universo, las estructuras de galaxias se distribuyen en filamentos alargados que rodean vacíos espaciales de sus mismas dimensiones. Se cree que los cúmulos masivos de galaxias se forman donde se intersectan los filamentos.***

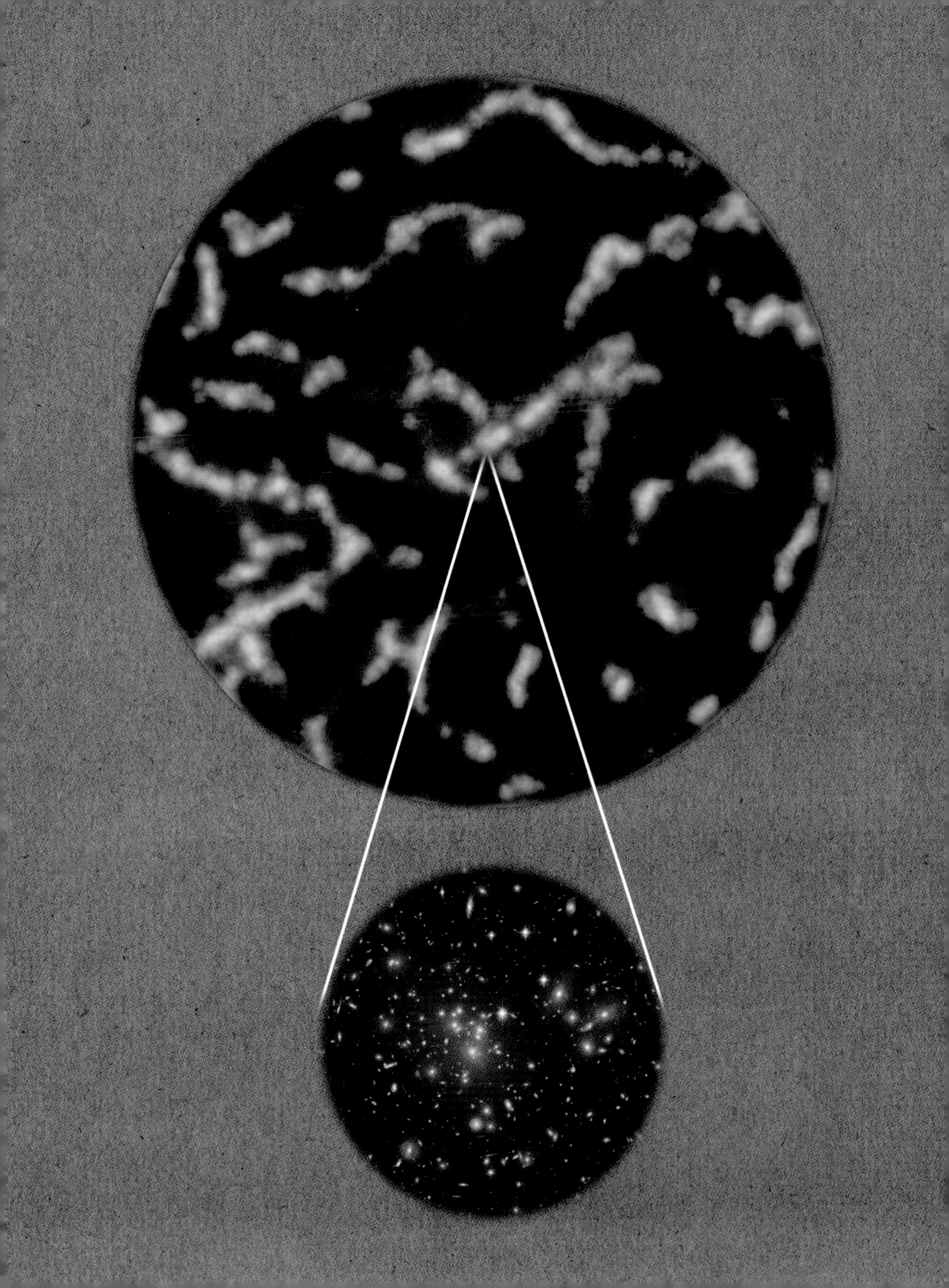

# EL UNIVERSO

## EL UNIVERSO
GLOSARIO

**año luz** Distancia que recorre la luz en un año: 9.5 billones de kilómetros.

**constante de Hubble** Ritmo al que se expande el universo.

**cosmología** Estudio del nacimiento, la forma, el crecimiento, el tamaño y el fin que se prevé del universo.

**cuásares** Radiofuentes cuasiestelares. Al principio se pensó que estos objetos eran radioestrellas, pero después se descubrió que las ondas de radio provenían de galaxias con núcleos brillantes consistentes en agujeros negros supermasivos.

**energía oscura** Energía que propulsa la expansión del universo.

**fondo cósmico de microondas** Campo difuso de radiación (la primera luz liberada después de la Gran Explosión) que se propagó por el universo en expansión. El descubrimiento del fondo cósmico de microondas en 1964 dio prioridad a la teoría de la Gran Explosión frente a otras relacionadas con el origen y el estado del universo.

**fuerzas fundamentales** Las cuatro fuerzas básicas que actúan en el universo: la fuerza de la gravitación, la fuerza electromagnética, la fuerza nuclear fuerte y la fuerza nuclear débil.

**Gran Explosión (o *Big Bang*)** Instante en el que comenzaron el espacio y el tiempo con una explosión a partir de un único punto extremadamente caliente y denso. Según varias teorías enfrentadas, el universo, cuya expansión empezó con la Gran Explosión, acabará con el Gran Frío *(Big Chill)*, la Gran Implosión *(Big Crunch)* o la Gran Fuga *(Big Rip)*.

**Gran Frío *(Big Chill)*** También conocido como «la Gran Congelación», uno de los posibles fines previstos para el universo en expansión, en el que las galaxias se alejarían unas de otras, las estrellas se extinguirían y las galaxias se agotarían de forma que todo el universo se volvería inmensamente grande, oscuro y gélido.

**Gran Fuga *(Big Rip)*** Tercera hipótesis acerca del fin del universo, según la cual la energía oscura que propulsa la expansión del universo hará trizas la materia (a todas las escalas, desde las galaxias hasta las partículas subatómicas).

**Gran Implosión *(Big Crunch)*** Segunda hipótesis para el fin del universo, según la cual el universo se expandirá hasta que alcance un punto crítico y empiece a contraerse, lo que lo volverá más denso y caliente, hasta que al final alcance un estado infinitamente denso y caliente llamado Gran Implosión. La Gran Implosión podría representar la rampa de lanzamiento para otra Gran Explosión. El descubrimiento de la energía oscura (una misteriosa fuerza que propulsa la expansión del universo) ha dejado obsoleta esta teoría.

**hipernova** Explosión potentísima que libera mucha más energía que una supernova y emite estallidos de rayos gamma de larga duración.

**inflación** Expansión muy corta y rápida acaecida después de la Gran Explosión. La siguió un período de expansión bastante gradual. Se cree que la inflación se produjo durante una fracción infinitesimal de segundo, entre $10^{-38}$ y $10^{-36}$ segundos después de la Gran Explosión.

**materia oscura** Materia invisible cuyos efectos gravitatorios se aprecian en la materia visible, galaxias y estructuras a gran escala del universo.

**MOND** *Modified newtonian dynamics* o dinámica newtoniana modificada, una teoría que sostiene que los efectos de la gravitación durarán más y serán más intensos de lo que suele creerse, y que son esos efectos, y no la materia oscura, lo que mantiene unidas las galaxias y otras concentraciones que de otro modo se escindirían.

**radioestrellas** Estrellas que emiten ondas de radio, como los púlsares.

**teoría del estado estacionario** Planteamiento propuesto por primera vez por el físico británico James Jeans alrededor de 1920 y desarrollado en 1948 por el astrónomo británico Fred Hoyle y otros colegas suyos, con el fin de rebatir la teoría contraria de la Gran Explosión sobre el origen y el estado del universo. Según la teoría del estado estacionario, se crea materia nueva ininterrumpidamente dentro de un universo en expansión constante, lo que crea estrellas y galaxias nuevas, mientras las galaxias y estrellas más antiguas dejan de verse a medida que el universo se expande. El universo en estado estacionario posee una densidad media constante y no tiene principio ni fin en el tiempo. Esta teoría ha caído en el descrédito.

# LA GRAN EXPLOSIÓN

## astronomía en 30 segundos

Una consecuencia obvia del descubrimiento de que el espacio se está expandiendo es que el universo tuvo que tener un comienzo. Toda la materia, el espacio y el tiempo empezaron a existir en un mismo punto de partida que denominamos la Gran Explosión *(Big Bang)*. Esta idea fue propuesta en un principio por Georges Lemaître como una solución posible a las ecuaciones einsteinianas de la relatividad general, y adquirió aceptación universal con el descubrimiento del fondo cósmico de microondas en 1964. Observaciones posteriores del modo en que cambia con el tiempo la población de galaxias que contienen fuentes de radio potentes respaldaron la idea de un universo en evolución. La comunidad astronómica no cuenta con una explicación sólida de qué desencadenó la Gran Explosión, porque los conocimientos actuales sobre las leyes físicas no son capaces de describir una fase tan caliente y densa de la materia, y en absoluto brindan descripción alguna de lo que pudo suceder «antes» de ese hecho. En una fracción diminuta de segundo el universo experimentó un breve período de inflación, lo que incrementó su tamaño con gran rapidez y dio lugar a la expansión continuada ulterior y al enfriamiento de su contenido. Entonces empezaron a formarse las primeras partículas elementales, y las fuerzas fundamentales se separaron y adoptaron su naturaleza actual.

**EXPLOSIÓN EN 3 SEGUNDOS**
Se cree que todo lo que existe en el universo surgió durante la Gran Explosión, que marcó el comienzo del espacio y del tiempo.

**ÓRBITA EN 3 MINUTOS**
Curiosamente, la expresión *Gran Explosión* la usó por primera vez como descripción despectiva una de las personas que más se opuso a esa teoría, Fred Hoyle. Aunque él defendía la alternativa de la cosmología del estado estacionario con una creación constante de materia, Hoyle y sus colegas demostraron que la cantidad tan grande y uniforme de helio que existe en todo el cosmos debió formarse en el universo primordial, y no solo mediante meras reacciones nucleares en el seno de las estrellas.

**TEMAS RELACIONADOS**
*Véanse* también
EL UNIVERSO EN EXPANSIÓN
página 96
FONDO CÓSMICO DE MICROONDAS
página 100

**MINIBIOGRAFÍAS**

ALEXANDR FRIDMAN
1888-1925
Matemático y físico ruso soviético.

GEORGES LEMAÎTRE
1894-1966
Astrónomo belga.

FRED HOYLE
1915-2001
Astrónomo británico.

MARTIN RYLE
1918-1984
Radioastrónomo británico.

**TEXTO EN 30 SEGUNDOS**
Andy Fabian

***La Gran Explosión alude al monumental suceso que tuvo lugar 13 700 millones de años atrás y que desencadenó la aparición del universo.***

# EL UNIVERSO EN EXPANSIÓN

## astronomía en 30 segundos

El segundo mayor logro del astrónomo Edwin Hubble, después de comprobar que hay galaxias exteriores a la nuestra, fue el descubrimiento de que el universo se está expandiendo. Casi todas las galaxias se alejan de nosotros de tal modo que las más distantes lo hacen más deprisa. Esa es la firma de un universo en expansión: el espacio que separa las estructuras de galaxias se estira y las aparta unas de otras. Al seguir esa expansión hacia atrás en el tiempo se ha inferido una edad finita para el universo de 13 700 millones de años. Las observaciones recientes de las explosiones de supernovas en galaxias remotas, el tamaño de las estructuras dentro del fondo cósmico de microondas y la materia contenida en los cúmulos de galaxias han revelado que el ritmo de la expansión ha aumentado a lo largo de los últimos 6000 millones de años. Esta expansión acelerada exige que en el universo haya algo más que la radiación, la materia normal y la materia oscura que observamos. El ingrediente que falta, que se cree que es el que aporta el empuje de la aceleración, se denomina *energía oscura* y podría ascender a las tres cuartas partes del contenido total del cosmos. La determinación de su naturaleza exacta nos dirá si el destino final del universo dentro de muchos miles de millones de años consistirá en un Gran Frío o en una Gran Fuga.

**EXPLOSIÓN EN 3 SEGUNDOS**

El seguimiento del movimiento de las galaxias revela que el universo no es estático y eterno, sino que evoluciona y crece cada vez más deprisa.

**ÓRBITA EN 3 MINUTOS**

El ritmo de expansión del universo, denominado la «constante de Hubble», fue incierto (en un factor dos) hasta mediados de la década de 1990, cuando observaciones de estrellas individuales en galaxias cercanas mediante el telescopio espacial Hubble permitieron calcular la constante de Hubble con la precisión de un pequeño porcentaje. La expansión del universo es la culpable de que la luz de los objetos distantes manifieste un desplazamiento hacia el rojo.

**TEMAS RELACIONADOS**

*Véanse* también
LAS OTRAS GALAXIAS
página 86
LA GRAN EXPLOSIÓN
página 94

**MINIBIOGRAFÍAS**

SAUL PERLMUTTER
1959-
Astrofísico estadounidense que, junto a Schmidt y Riess, demostró que la expansión del universo se está acelerando.

BRIAN SCHMIDT
1967-
Astrofísico australiano-estadounidense.

ADAM RIESS
1969-
Astrofísico estadounidense.

**TEXTO EN 30 SEGUNDOS**

Andy Fabian

***Desde la Gran Explosión el espacio se expande. La distancia entre las estructuras extragalácticas a crecido a un ritmo acelerado en los últimos 6000 millones de años.***

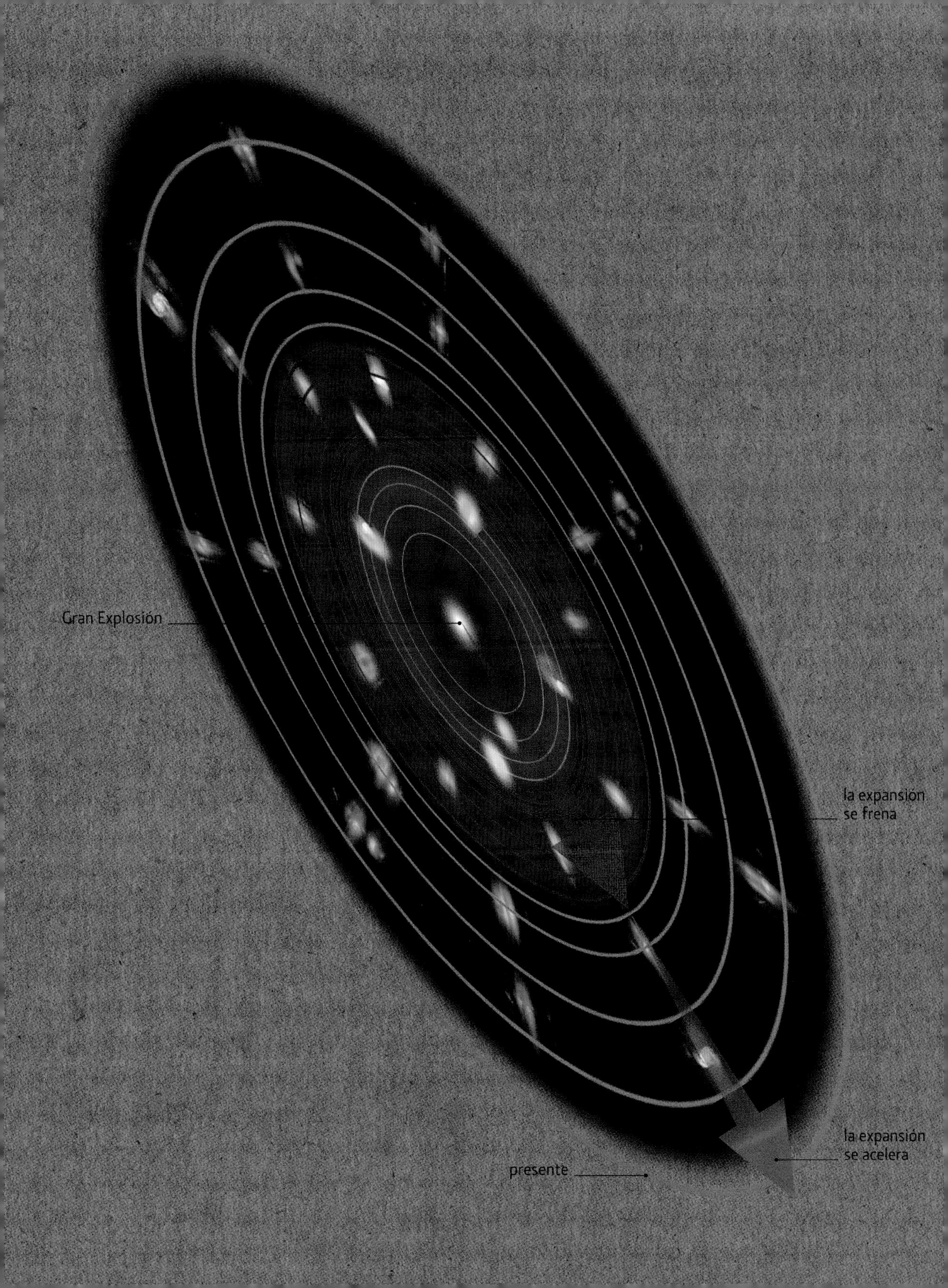

Gran Explosión
la expansión
se frena
la expansión
se acelera
presente

1889
Nace en Mansfield, Misuri

1898
La familia se traslada a Chicago

1906-1910
Estudia matemáticas, astronomía y ciencias en la Universidad de Chicago

1910-1913
Obtiene una beca Rhodes en el Queen's College de Oxford, y estudia leyes, literatura y castellano

1913
Regresa a Estados Unidos, ejerce durante un período breve como abogado en Louisville, Kentucky

1914-1917
Realiza la tesis doctoral en la Universidad de Chicago titulada «Estudios fotográficos de nebulosas tenues»

1917
Le ofrecen un puesto en el Observatorio del Monte Wilson, Pasadena, California, pero lo rechaza para alistarse y luchar en la primera guerra mundial

1917-1918
Sirve en el ejército estadounidense y alcanza el rango de comandante

1919
Acepta el puesto en el Observatorio del Monte Wilson

1923
Descubre variables cefeidas en la nebulosa de Andrómeda (M31)

1926
Desarrolla un método para clasificar galaxias (la secuencia de Hubble)

1929
Formula la ley de desplazamiento al rojo-distancia para las galaxias (conocida como «ley de Hubble»)

1935
Descubre el asteroide 1373 Cincinnati; escribe *The Observational Approach to Cosmology* y *The Realm of the Nebulae*

1940
Recibe la Medalla de Oro de la Real Sociedad Astronómica británica

1942-1945
Se enrola en el ejército estadounidense con base en Aberdeen, Maryland

1946
Recibe la Medalla al Mérito por sus trabajos sobre balística

1948
Lo nombran miembro honorario del Queen's College de Oxford

1949
Se convierte en la primera persona que usa el telescopio Hale (el de mayor abertura óptica del mundo en aquel momento) del monte Palomar, San Diego, California

1949
Sufre un ataque al corazón

1953
Fallece en San Marino, California

1990
La NASA lanza el telescopio espacial Hubble, llamado así en su honor

# EDWIN HUBBLE

Edwin Powell Hubble fue un chico típico del Midwest estadounidense: listo, inteligente, ambicioso, fuerte y absolutamente deportista, con la mezcla exacta de capacidades mentales y físicas para conseguir una beca Rhodes e irse a estudiar al otro lado del mar, en la Universidad de Oxford, Inglaterra. (Y, en efecto, Hubble consiguió esa beca y pasó tres años en el Queen's College de Oxford). A su regreso, despertó admiración en el centro de enseñanza secundaria de Indiana donde enseñó castellano, matemáticas, física y baloncesto durante un año, y luego probó brevemente a ejercer como abogado (para complacer a su padre), antes de revelarse más que dispuesto a cumplir con sus obligaciones patrióticas en ambas guerras mundiales. Sin embargo, por debajo de todo ello subyacía en él la vocación de mirar las estrellas. La astronomía fue su primer amor y, cuando dejó la abogacía para regresar a la Universidad de Chicago y doctorarse allí, dijo: «Sabía que, aun siendo de segunda o de tercera, era la astronomía lo que me importaba».

Pero no fue un astrónomo ni de segunda ni de tercera categoría. Los descubrimientos de Hubble nos abrieron el universo. Él fue el artífice de lo que el profesor Stephen Hawking denominó «una de las mayores revoluciones intelectuales del siglo XX». Trabajando con los telescopios de los montes Wilson y Palomar, California, Hubble demostró que estamos rodeados por millones de galaxias. (Herschel lo había sospechado, pero Hubble lo demostró). Hubble introdujo un método para clasificar galaxias basado en su forma aparente (elípticas, lenticulares, espirales e irregulares), que ahora se conoce como la secuencia de Hubble. A través de la medición cuidadosa del desplazamiento hacia el rojo de las galaxias (el desplazamiento hacia el extremo rojo del espectro de color que manifiestan las ondas de luz procedentes de una galaxia, debido a que se está alejando), demostró que las galaxias se apartan unas de otras a un ritmo uniforme (la constante de Hubble). Él llamó a este fenómeno la ley de desplazamiento al rojo-distancia para las galaxias, pero ahora se conoce como la ley de Hubble. Además mostró que, si las galaxias se están alejando, entonces el universo tiene que estar expandiéndose. Este descubrimiento respaldó la teoría de la Gran Explosión del astrónomo belga Georges Lemaître, expuesta públicamente un año antes, y resultó tan impactante que Albert Einstein acudió a visitar a Hubble en 1931 expresamente para felicitarlo. Hubble había transformado la astronomía en cosmología, y acabó recibiendo el apelativo de «pionero de las estrellas distantes».

# FONDO CÓSMICO DE MICROONDAS

astronomía en 30 segundos

El universo primigenio era un caldo caliente de partículas con carga eléctrica y de fotones de luz. Todo ello se encontraba en una concentración tan densa que ningún fotón aislado llegaba lejos sin sufrir alguna clase de interacción, así que ninguna luz podía escapar. A medida que se expandió, el universo se fue enfriando hasta que (unos 380 000 años después de la Gran Explosión) alcanzó temperaturas lo bastante bajas como para que las partículas cargadas lograran forman los primerísimos átomos. Para entonces estos ya no interferían en el paso de los fotones, los cuales fluyeron libres por todo el universo y se convirtieron en una radiación de fondo difusa que llena de manera uniforme todo el firmamento. La expansión del espacio ha alargado la longitud de onda de los fotones (originalmente energéticos) en factores enormes. Ahora se observa que la radiación brilla más en la luz de microondas, la cual se corresponde con una temperatura de tan solo 2.725 grados sobre el cero absoluto. Aunque se ha teorizado sobre su existencia desde la década de 1940, el descubrimiento casual de la radiación de fondo en 1964 por parte de Arno Penzias y Robert Wilson aportó el dato definitivo para respaldar la teoría de la Gran Explosión.

**EXPLOSIÓN EN 3 SEGUNDOS**

El fondo cósmico de microondas (una instantánea de la primerísima luz emitida tras la Gran Explosión) confirma las ideas sobre el origen y la estructura del universo.

**ÓRBITA EN 3 MINUTOS**

Las mediciones precisas tomadas mediante satélites del fondo cósmico de microondas cartografían su temperatura, no su intensidad, y revelan una estructura moteada debida a pequeñas variaciones que se apartan de la media. Esas fluctuaciones trazan densidades ligeramente más elevadas en la mezcla de materia y energía, que pueden servir de foco para la atracción gravitatoria: se cree que estas «simientes» se convierten mucho después en estructuras gigantes, como las galaxias que pueblan el universo actual.

**TEMAS RELACIONADOS**

*Véanse* también
LA GRAN EXPLOSIÓN
página 94
EL UNIVERSO EN EXPANSIÓN
página 96
MÁS ALLÁ DE LA LUZ VISIBLE
página 102

**MINIBIOGRAFÍAS**

ARNO PENZIAS
1933-
Físico estadounidense.

ROBERT WILSON
1936-
Físico estadounidense.

**TEXTO EN 30 SEGUNDOS**

Andy Fabian

***El fondo cósmico de microondas es un atisbo del universo más temprano observable, en el momento en que la materia empezaba a condensarse debido a la gravitación para diseminar las semillas necesarias para la formación de galaxias.***

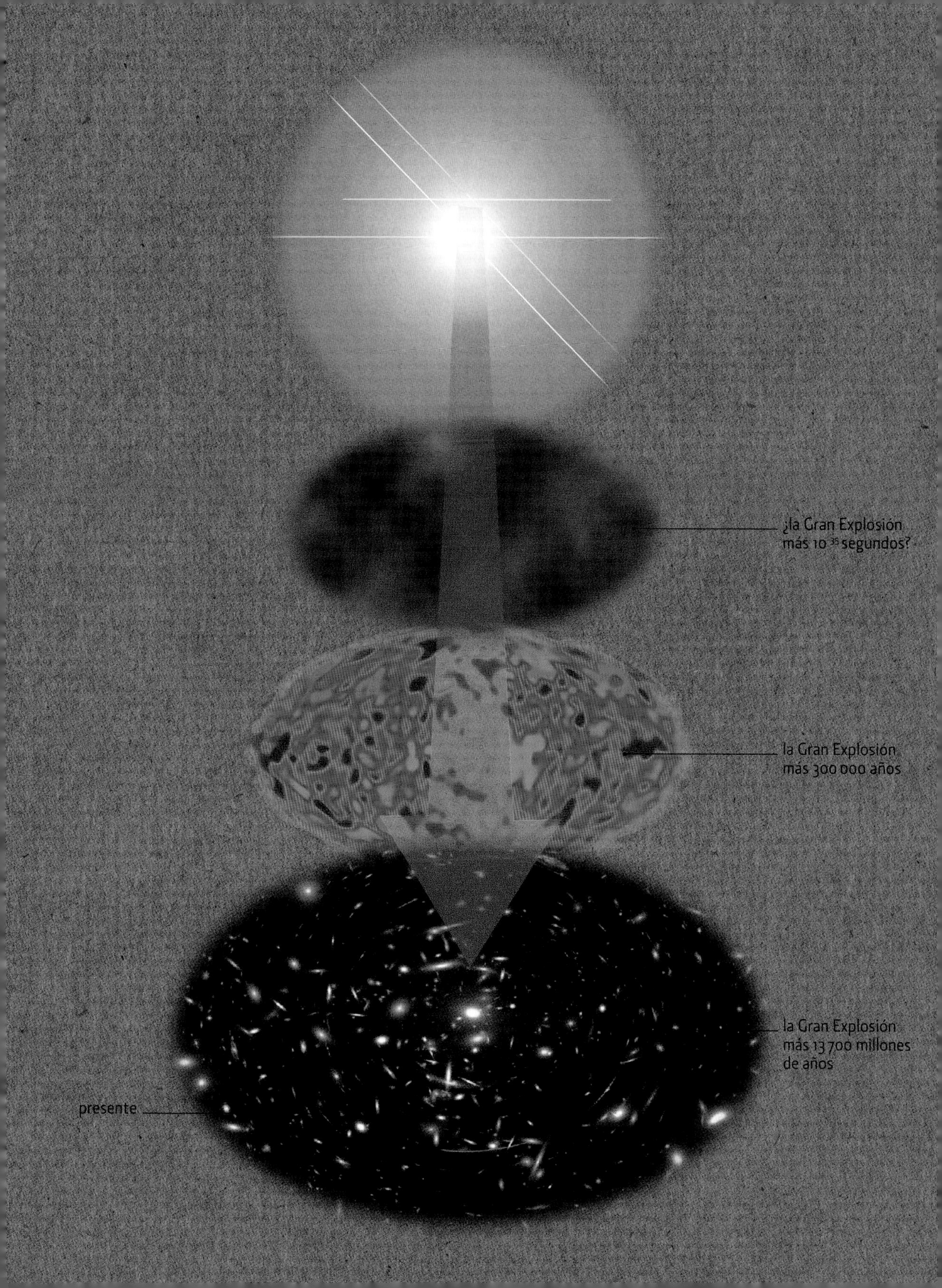
¿la Gran Explosión
más $10^{35}$ segundos?
la Gran Explosión
más 300 000 años
la Gran Explosión
más 13 700 millones
de años
presente

# MÁS ALLÁ DE LA LUZ VISIBLE

astronomía en 30 segundos

Los seres humanos vemos la luz situada entre el color rojo y el azul, pero nuestra vista no tiene sensibilidad para percibir nada más allá de esos colores. No vemos la luz infrarroja que hay más allá del color rojo, ni podemos percibir la luz ultravioleta, los rayos X o los rayos gamma más allá del azul. Esto representa un obstáculo para los astrónomos, porque todos los objetos del universo emiten luz, pero no siempre luz visible para nosotros; la longitud de onda depende de la temperatura. Cuando las estrellas se encienden por primera vez, antes de que la fusión nuclear empiece a calentarlas por encima de unos mil grados, emiten luz infrarroja. Una vez que comienza la fusión y las estrellas alcanzan temperaturas de unos cuantos miles de grados, albergan suficiente calor como para emitir luz visible, como las bombillas incandescentes. Cuando el gas alcanza varios cientos de miles de grados emite luz ultravioleta. El gas a unos pocos millones de grados emite luz en rayos X; esa es la señal que indica que están ocurriendo procesos violentos. Y cuando las estrellas masivas empiezan a contraerse para dar lugar a agujeros negros, el gas alcanza temperaturas de varios miles de millones de grados, tan elevadas que empieza a emitir luz en rayos gamma.

**EXPLOSIÓN EN 3 SEGUNDOS**

Solo percibimos una fracción minúscula de la luz que nos rodea, pero para comprender el universo necesitamos observar más allá de la luz visible.

**ÓRBITA EN 3 MINUTOS**

Solo la luz de determinada energía (o longitud de onda) puede entrar en la atmósfera. Las ondas de radio y la luz visible la atraviesan directamente, lo que nos permite admirar el firmamento estrellado con nuestros propios ojos o con una antena de radio. Pero los dañinos rayos X y gamma quedan bloqueados por la atmósfera, así que necesitamos telescopios espaciales para observar los violentos fenómenos capaces de crear estas variedades de luz, las más energéticas de todas.

**TEMAS RELACIONADOS**

*Véanse* también
FONDO CÓSMICO DE MICROONDAS
página 100
RAYOS X CÓSMICOS
página 104
EL ESPECTRO DE LA LUZ
página 122

**MINIBIOGRAFÍAS**

ISAAC NEWTON
1642-1727
Físico inglés.

WILHELM HERSCHEL
1738-1822
Astrónomo británico de origen alemán.

**TEXTO EN 30 SEGUNDOS**

Darren Baskill

***Como el gas a diferentes temperaturas emite luz de distintas longitudes de onda, para conocer por completo el universo hay que buscar luz de todas ellas.***

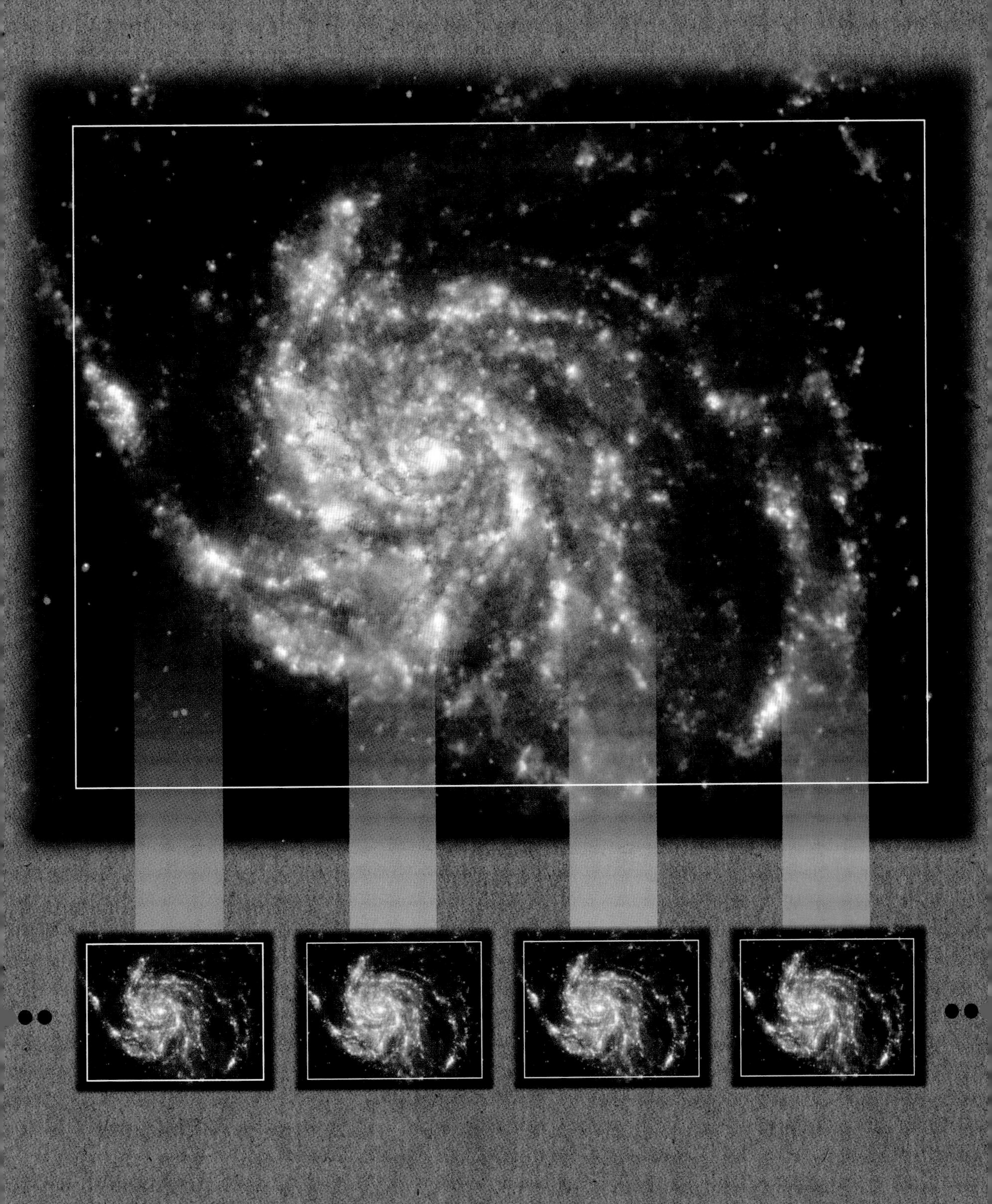

# RAYOS X CÓSMICOS

## astronomía en 30 segundos

El 18 de junio de 1962 un cohete que voló sobre Nuevo México detectó rayos X procedentes del exterior del Sistema Solar, pero las fuentes de rayos X eran desconocidas en aquel tiempo. Los rayos X son una variedad de luz de alta energía y provienen de gas calentado a más de 1 millón de grados de temperatura mediante procesos violentos. Cincuenta años después de aquello disponemos de una información mucho más completa sobre dónde se originan los rayos X, porque los telescopios espaciales más recientes revelan en detalle el universo de rayos X. Ahora sabemos que los rayos X detectados en 1962 provenían del gas que expulsó una estrella con menos de la mitad de la masa del Sol que estaba quedando reducida a una densa estrella de neutrones. Los rayos X cósmicos revelan lo violento que es el universo. Emiten rayos X las estrellas inertes que ocupan el centro de los remanentes de supernovas, el gas que se precipita en pequeños agujeros negros de la Galaxia y los agujeros negros supermasivos alojados en el núcleo de otras galaxias. Otras fuentes de rayos X incluyen estrellas destrozadas por una compañera; las estrellas más compactas y densas que se conocen: las enanas blancas y las estrellas de neutrones, y el gas a millones de grados de temperatura que reside en el interior de las estructuras más grandes del universo: los cúmulos masivos de galaxias.

**EXPLOSIÓN EN 3 SEGUNDOS**
En las regiones más violentas del universo, el gas a temperaturas de millones de grados emite rayos X, que permiten vislumbrar fenómenos extremos.

**ÓRBITA EN 3 MINUTOS**
La atmósfera terrestre bloquea los dañinos rayos X, así que hay que salir al espacio para verlos. En ocasiones, los telescopios de rayos X solo realizan vuelos breves de unos cinco minutos en el interior de cohetes y, aunque son excelentes para probar la tecnología, solo permiten atisbar lo que sucede. Para obtener una información más amplia se usan observatorios situados en órbita alrededor de la Tierra, como el Chandra de la NASA, el XMM-Newton europeo y el Suzaku japonés, que siguen los violentos fenómenos que emiten rayos X.

**TEMAS RELACIONADOS**
*Véanse* también
SUPERNOVAS
página 68
AGUJEROS NEGROS
página 70
MÁS ALLÁ DE LA LUZ VISIBLE
página 102

**MINIBIOGRAFÍAS**
RICCARDO GIACCONI
1931-
Astrofísico italiano-estadounidense.

BRUNO ROSSI
1905-1993
Iniciador italianoestadounidense de la astronomía de rayos.

**TEXTO EN 30 SEGUNDOS**
Darren Baskill

***Una explosión con una energía de varios cientos de miles de supernovas ocurrida en el centro de esta galaxia ha calentado el gas hasta temperaturas tan elevadas que emite rayos X.***

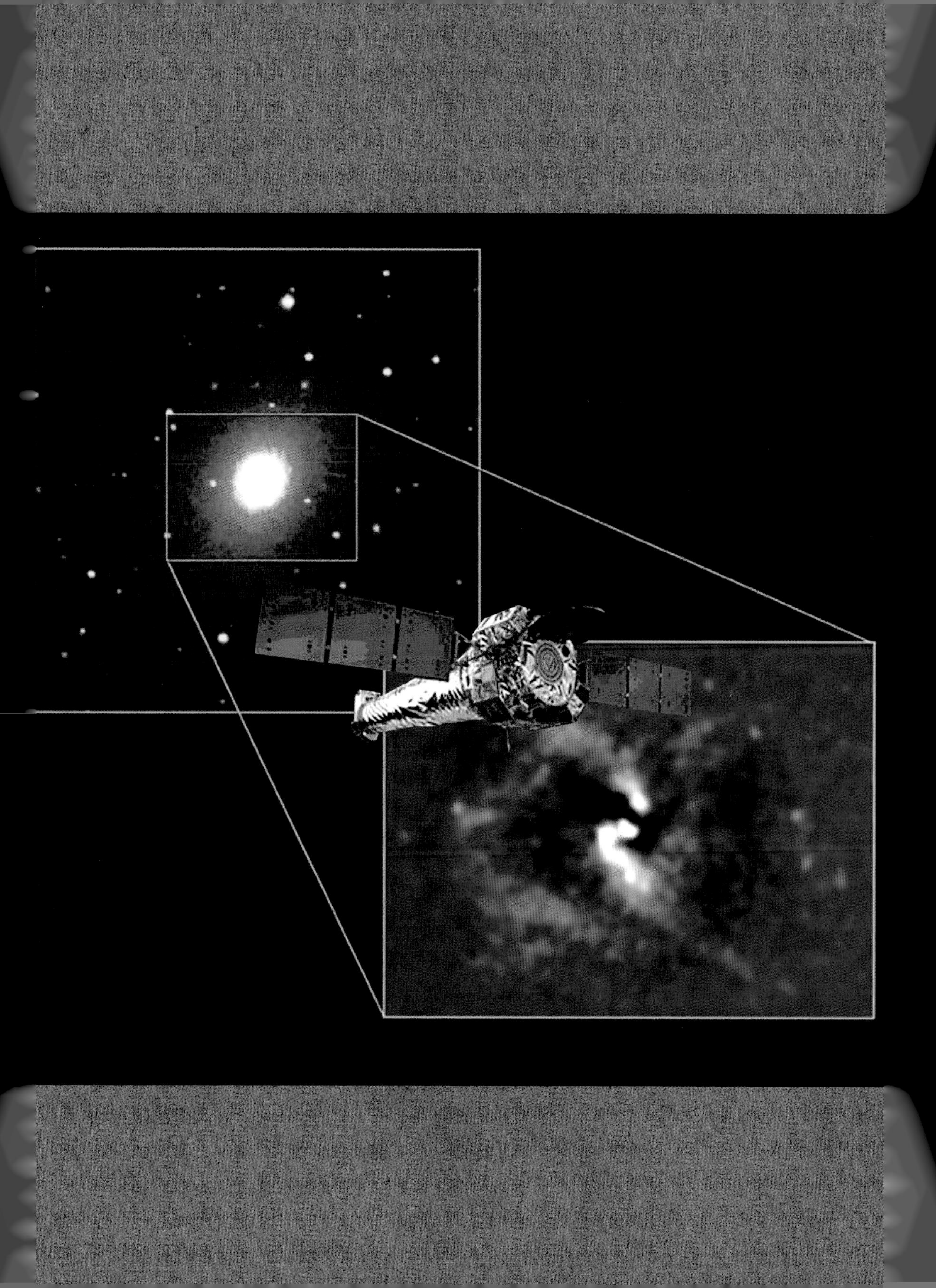

# FUENTES EXPLOSIVAS DE RAYOS GAMMA

astronomía en 30 segundos

Los detectores de rayos gamma a bordo de satélites espaciales situados en órbita captan más o menos una vez al día un breve estallido de rayos gamma procedente de alguna fuente del firmamento. Cada estallido proviene de una galaxia distante y va seguido de un resplandor de rayos X y luz visible, y otro resplandor radioeléctrico más prolongado. Los estallidos consisten en explosiones potentísimas, con una energía diez veces mayor que la de las supernovas normales; por eso se detectan en galaxias situadas en los confines más alejados del universo. Existen dos tipos de explosiones de rayos gamma: unas duran menos de un segundo y las otras pueden durar medio minuto. En el caso de los estallidos prolongados, a veces se ha observado la aparición posterior de una supernova dentro de la misma galaxia. El resplandor ulterior se debe a las colisiones entre el material lanzado por la supernova contra el gas que la circunda. Los rayos gamma se emiten cuando una estrella muy masiva y en rotación veloz se comprime y crea un agujero negro. La rotación despeja el espacio a lo largo del eje y los rayos gamma escapan en forma de haz. Solo detectamos ese haz si apunta hacia la Tierra, de modo que «una vez al día» representa una estimación a la baja de la frecuencia con que se producen en realidad estos episodios, conocidos como *hipernovas*.

**EXPLOSIÓN EN 3 SEGUNDOS**

Las fuentes explosivas de rayos gamma son las mayores explosiones que tienen lugar en el universo desde la Gran Explosión y ocurren a diario.

**ÓRBITA EN 3 MINUTOS**

La clase más larga de fuentes explosivas de rayos gamma procede de la explosión de hipernovas, pero el origen de los estallidos breves sigue siendo un misterio. Algunos astrónomos defienden la teoría de que las explosiones cortas se producen cuando un agujero negro se traga una estrella de neutrones, o cuando dos estrellas de neutrones colisionan, se funden y dan lugar a un agujero negro.

**TEMAS RELACIONADOS**

*Véanse* también
PÚLSARES
página 64
SUPERNOVAS
página 68
AGUJEROS NEGROS
página 70

**MINIBIOGRAFÍAS**

RAY KLEBESADEL
1932-
Científico estadounidense del Departamento de Defensa que descubrió por casualidad las explosiones de rayos gamma.

**TEXTO EN 30 SEGUNDOS**

Paul Murdin

***Las fuentes explosivas de rayos gamma convierten su fuerza en radiación energética de todos los tipos, y lanzan rayos gamma al universo.***

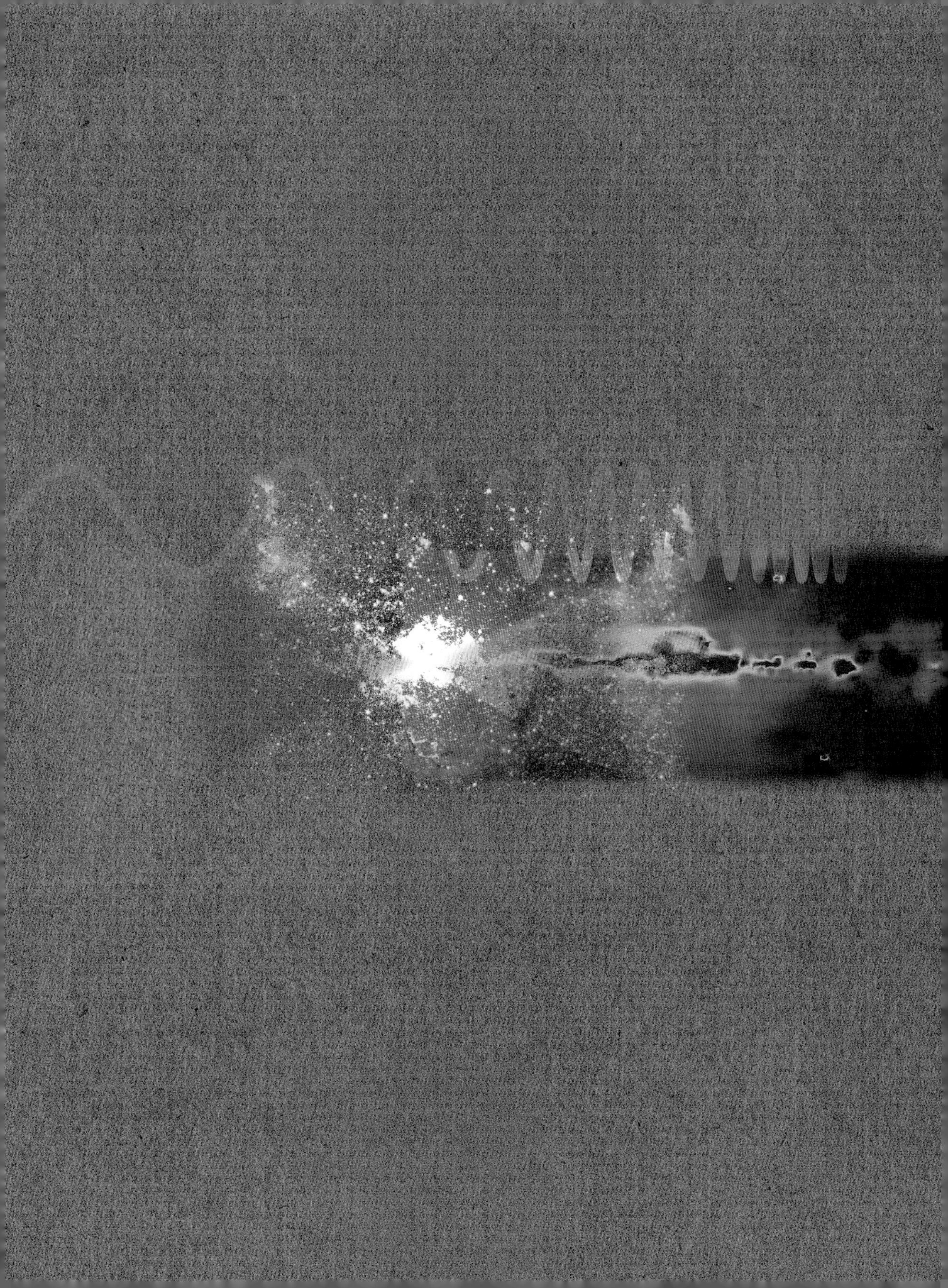

# CUÁSARES

astronomía en 30 segundos

Los cuásares se hallaron cuando la comunidad astronómica descubrió fuentes de radio coincidentes con lo que parecían estrellas normales, pero que resultaron ser galaxias con núcleo brillante. La expresión empleada para describir estos fenómenos, «radiofuentes cuasi estelares», se abrevió con posterioridad en *cuásares*. Imágenes de una precisión exquisita tomadas por radiotelescopios y otros indicios señalan que los cuásares poseen núcleos muy pequeños (del tamaño del Sistema Solar). Alrededor del núcleo existe una circulación muy veloz de gas y polvo en órbita alrededor de algo que, aunque pequeño, es muy masivo, con una masa entre millones y miles de millones de veces mayor que la del Sol. El núcleo de un cuásar es un agujero negro supermasivo; la fuente de energía de los cuásares proviene de la potencia liberada cuando el gas se precipita hacia el agujero negro. A veces es una estrella aislada la que cae en su interior de manera extraordinaria. Las fuerzas de marea del agujero negro estiran la estrella hasta convertirla en un filamento gaseoso y se libera una cantidad inmensa de energía en una erupción brillante. Algunos agujeros negros liberan tanta energía que parte del gas que se precipita hacia ellos sale despedido. El gas se acelera en chorros antiparalelos, alineados en direcciones opuestas, que recorren largas distancias a través del espacio intergaláctico.

**EXPLOSIÓN EN 3 SEGUNDOS**

Un cuásar es una galaxia con un núcleo brillante formado por un agujero negro supermasivo que suele irradiar con la potencia de 1000 galaxias.

**ÓRBITA EN 3 MINUTOS**

Es probable que la mayoría de las galaxias albergue un agujero negro en su centro, aunque pocos de ellos sean cuásares. La caída de gas que convierte una galaxia en un cuásar puede desencadenarla el paso cercano y casual de otra galaxia. El agujero negro que alberga nuestra Galaxia, con una masa 4 millones superior a la del Sol, está latente. Cuando la galaxia de Andrómeda pase cerca de la nuestra dentro de unos cuantos miles de millones de años, el gigante dormido probablemente se despertará, y nuestra Galaxia se convertirá en un cuásar.

**TEMAS RELACIONADOS**

*Véase* también
AGUJEROS NEGROS
página 70

**MINIBIOGRAFÍAS**

MAARTEN SCHMIDT
1929-
Astrónomo neerlandés-estadounidense que identificó por primera vez un cuásar.

**TEXTO EN 30 SEGUNDOS**

Paul Murdin

***El gas se arremolina alrededor de un agujero negro en el centro de una galaxia. El gas que cae emite con una potencia extraordinaria.***

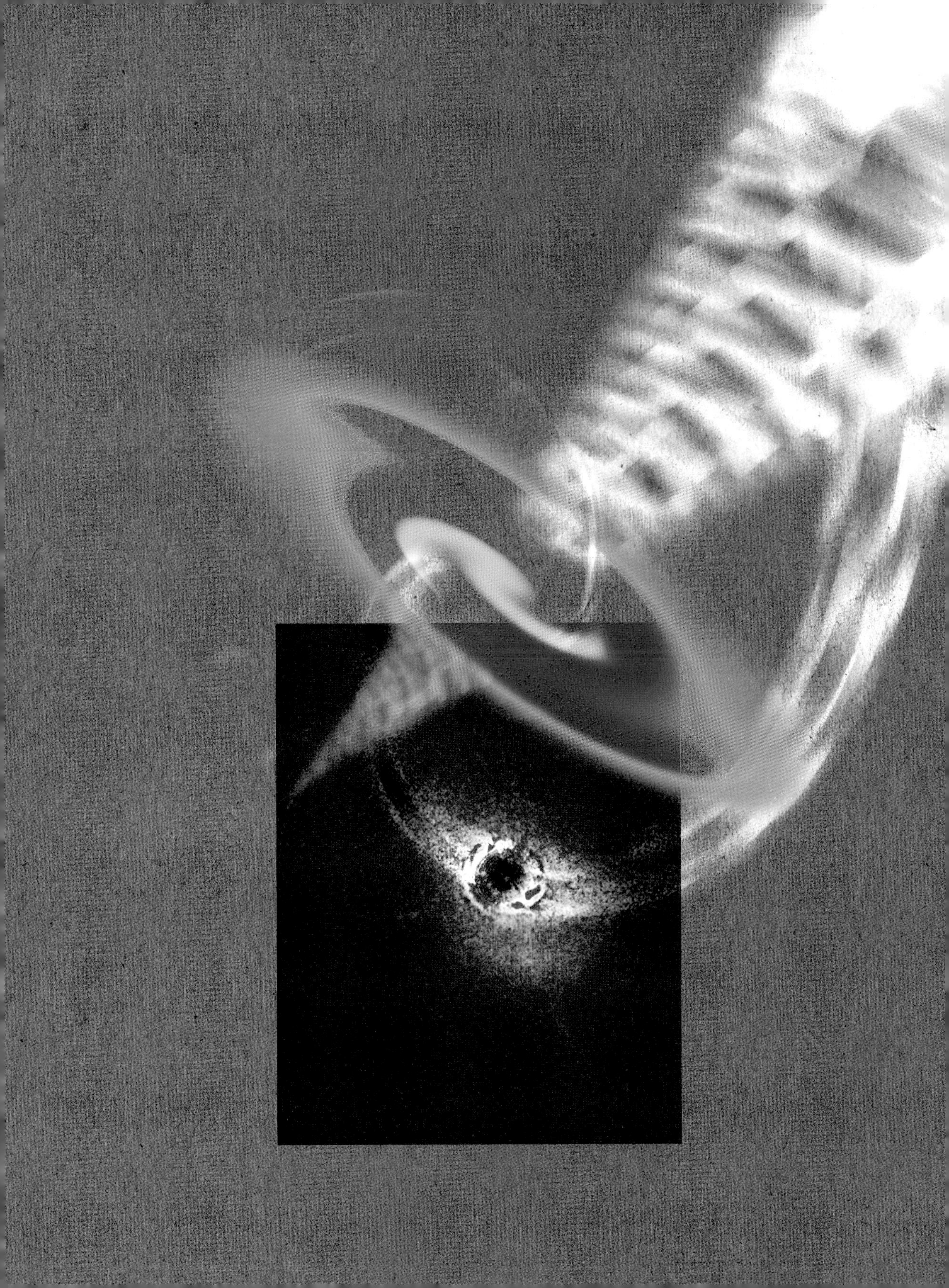

# MATERIA OSCURA

## astronomía en 30 segundos

El Sol completa una órbita alrededor de la Galaxia, la ciudad masiva de estrellas en la que residimos, cada 250 millones de años. Las estrellas próximas a los agujeros negros alojados en el centro de las galaxias orbitan deprisa y eso impide que se precipiten al interior; en regiones más apartadas cabría esperar que las estrellas se movieran a un ritmo más pausado o que se perdieran en el espacio circundante. Sin embargo, se mueven deprisa y sin salirse de sus órbitas. Una explicación de esta discrepancia es que tiene que haber grandes cantidades de materia que ejerzan un potente empuje gravitatorio que retenga esas estrellas. Los astrónomos llaman *materia oscura* a esta materia invisible: en teoría la materia oscura conforma el 83 % de la que compone todo el universo conocido. La materia oscura también se revela a escalas mayores, cuando observamos como se orbitan las galaxias entre sí dentro de los cúmulos. Uno de los grandes retos a los que se enfrenta la astrofísica del siglo XXI consiste en descubrir qué es la materia oscura. Se han desarrollado experimentos para detectar indicios de partículas esquivas que pudieran ser la fuente de la materia oscura; la mayoría de ellos se realizan bajo tierra para evitar que los rayos cósmicos saturen los sensibles detectores.

**EXPLOSIÓN EN 3 SEGUNDOS**
Sabemos que la materia oscura existe porque observamos su influjo gravitatorio, pero no podemos verla ni especificar qué es.

**ÓRBITA EN 3 MINUTOS**
Los científicos que intentan explicar la materia oscura sostienen algunas teorías enigmáticas: los MACHO (objetos masivos compactos del halo), que no emiten radiación y son muy difíciles de identificar, podrían ejercer un empuje gravitatorio en la periferia de las galaxias; otra propuesta es que ese tirón gravitatorio invisible lo ejercen las WIMP, partículas masivas débilmente interactivas, diminutas una a una, pero masivas en grandes cantidades. Estas encarnan la explicación más defendida, pero la física aún no ha demostrado su existencia.

**TEMAS RELACIONADOS**
*Véanse* también
LA GRAN EXPLOSIÓN
página 94
EL UNIVERSO EN EXPANSIÓN
página 96
ENERGÍA OSCURA
página 112

**MINIBIOGRAFÍAS**
FRITZ ZWICKY
**1898-1974**
Astrónomo suizo.

JAN OORT
**1900-1992**
Astrónomo neerlandés.

**TEXTO EN 30 SEGUNDOS**
Darren Baskill

***La materia oscura es una fuente de gravitación que mantiene unida la Galaxia (y el universo). Pero hasta el momento presente nadie sabe qué es esta materia.***

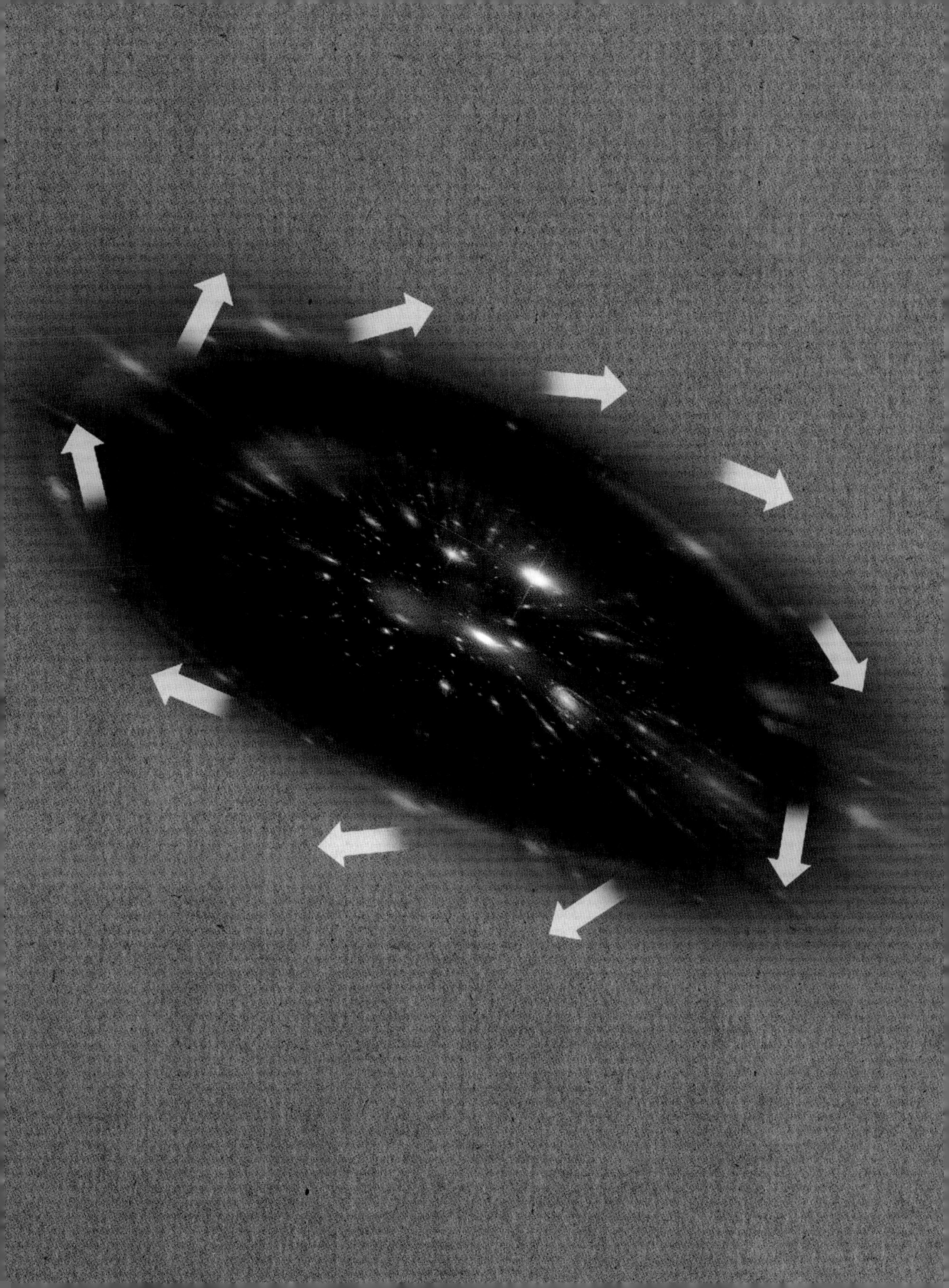

# ENERGÍA OSCURA

## astronomía en 30 segundos

A comienzos del siglo XX, antes de que se descubriera que el universo se está expandiendo, Albert Einstein intentó describir un universo de galaxias estáticas en su teoría general de la relatividad. Sin embargo, había un problema: las galaxias ejercen una atracción gravitatoria mutua, y eso implica que un universo estático se colapsaría. Para explicar por qué no es así, Einstein concibió de forma arbitraria un empuje hacia fuera empleando un concepto que denominó constante cosmológica, $\Lambda$. Cuando se descubrió que el universo se está expandiendo, Einstein abandonó esta idea y la calificó como «el mayor de mis errores». En efecto, las galaxias se atraen entre sí y frenan la expansión del universo, de modo que las galaxias distantes, que vemos tal como eran mucho tiempo atrás, deberían separarse más deprisa que las cercanas. En 1998-1999 el telescopio espacial Hubble permitió medir objetos tan distantes (como las supernovas de tipo 1a) que su luz ha tardado miles de millones de años en llegar hasta nosotros. Para gran sorpresa de todos, las galaxias distantes que albergan supernovas de tipo 1a se separan más despacio que las galaxias actuales. En realidad, la expansión del universo se está acelerando: el espacio está liberando «energía oscura» que propulsa una expansión cada vez más veloz del universo. Al final ha resultado que Einstein había ideado algo importante.

**EXPLOSIÓN EN 3 SEGUNDOS**
El universo se está expandiendo y las galaxias se separan a velocidades cada vez mayores, gracias a la «energía oscura» liberada por el espacio.

**ÓRBITA EN 3 MINUTOS**
La energía oscura constituye uno de los descubrimientos que ilustran que el espacio no es un mero volumen pasivo hecho de nada, sino una entidad física activa que crea pares de partículas, que curva y distorsiona la luz, que alberga ondas de atracción que se propagan de una masa a otra y que, de hecho, crea un universo a partir de una Gran Explosión. El espacio, igual que la materia, hace cosas interesantes.

**TEMAS RELACIONADOS**
*Véanse* también
SUPERNOVAS
página 68
EL UNIVERSO EN EXPANSIÓN
página 96

**MINIBIOGRAFÍAS**
SAUL PERLMUTTER
1959-
Astrofísico estadounidense descubridor, junto a Schmidt y Riess, de la aceleración de las galaxias y el fenómeno de la energía oscura.

BRIAN SCHMIDT
1967-
Astrofísico australiano.

ADAM RIESS
1969-
Astrofísico estadounidense.

**TEXTO EN 30 SEGUNDOS**
Paul Murdin

***Representación de la historia del universo, con la Gran Explosión, el enfriamiento posterior, la formación de galaxias y su expansión, que se acelera por la liberación de energía oscura.***

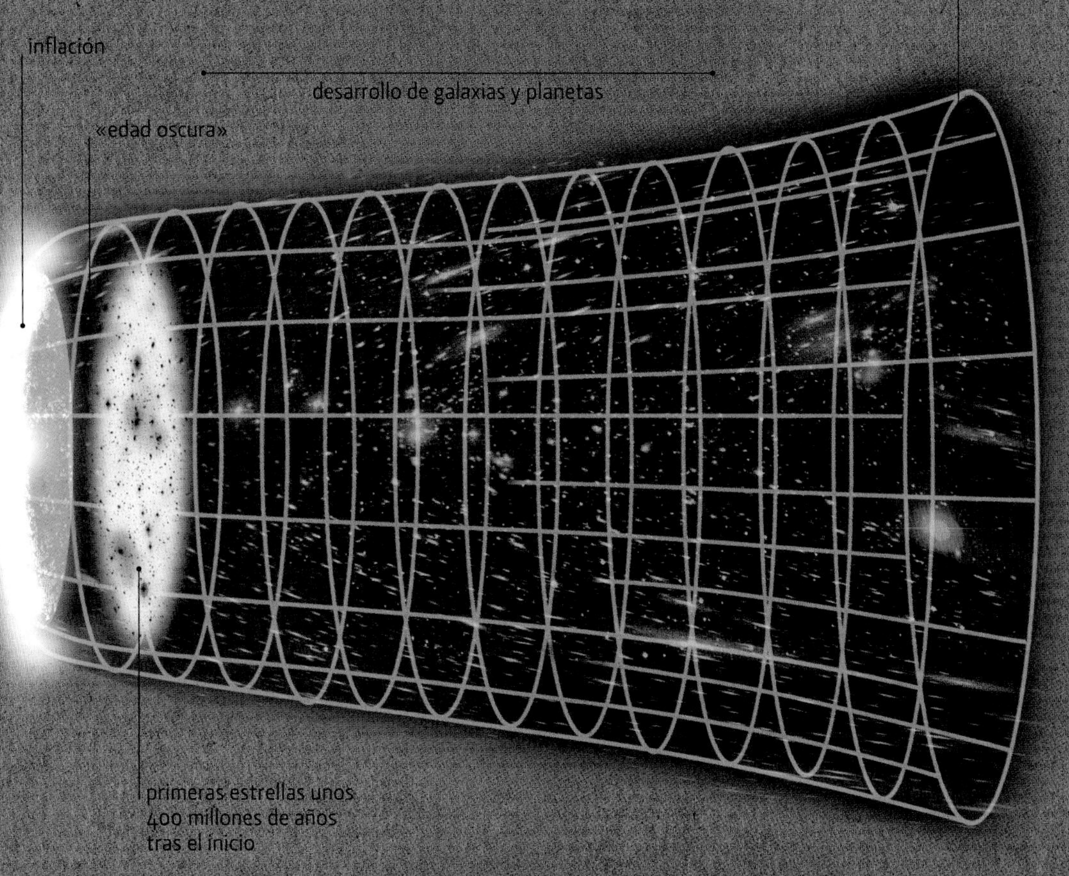
expansión
acelerada
por la energía
oscura
inflación
desarrollo de galaxias y planetas
«edad oscura»
primeras estrellas unos
400 millones de años
tras el inicio
13 700 millones de años

# ESPACIO Y TIEMPO

# ESPACIO Y TIEMPO
## GLOSARIO

**61 Cygni** Estrella binaria de la constelación del Cisne. Es la primera estrella cuya paralaje se determinó; lo hizo en 1838 el astrónomo prusiano Friedrich Bessel, quien estimó además que se encuentran a 10.4 años luz, y con ello calculó por primera vez la distancia a una estrella distinta del Sol. Su distancia real asciende a 11.4 años luz.

**acreción** Captación y atracción de gas por parte de un objeto masivo. Cuando un agujero negro captura gas y este se precipita en espiral hacia aquel, se generan temperaturas de millones de grados y el gas emite rayos X. Esta radiación permite localizar agujeros negros a pesar de ser objetos invisibles. La acreción también describe la captación de gas u otra materia procedente de una compañera por parte de una estrella pequeña (o los restos de una estrella) dentro de un sistema estelar binario.

**asteroide** Objeto rocoso del Sistema Solar que es menor que un planeta y orbita alrededor del Sol. La mayoría de los asteroides detectados residen en el cinturón de asteroides situado entre las órbitas de Marte y Júpiter. Un estudio realizado en 2012 por la Carnegie Institution en la ciudad de Washington apunta a que el agua de la Tierra procede de la caída de asteroides en el planeta, y no de cometas, como se creía antes.

**desplazamiento hacia el azul** Compresión de la longitud de onda de la luz hacia el extremo azul del espectro causada cuando el objeto emisor de la luz se acerca al observador. Por ejemplo, la luz de Andrómeda muestra un desplazamiento hacia el azul porque esa galaxia se está acercando a la nuestra dentro del Grupo Local de galaxias. El desplazamiento hacia el azul también describe el acortamiento de las longitudes de onda fuera del espectro visible (por ejemplo, de ondas de radio y de rayos X) debido a que la fuente emisora se mueve hacia el observador.

**desplazamiento hacia el rojo** Estiramiento de la longitud de onda de la luz hacia el extremo rojo del espectro debido a que el objeto emisor de la luz se aleja del observador. La luz de galaxias distantes que se alejan de nosotros presenta un desplazamiento hacia el rojo. Al igual que el desplazamiento hacia el azul (*véase* más arriba), este también describe el alargamiento de las longitudes de onda fuera del espectro visible debido a que la fuente emisora se aparta del observador.

**elipse** Círculo aplastado. Esta figura aparece cuando un punto se mueve siguiendo una curva cerrada donde la suma de la distancia del punto a dos puntos fijos es siempre constante. En el cosmos, las órbitas son elípticas (de un satélite alrededor del objeto primario, de los planetas del Sistema Solar alrededor del Sol o de estrellas que se orbitan entre sí o que giran alrededor de una galaxia).

**espacio-tiempo** Continuo del espacio y el tiempo propuesto por el físico teórico germano-suizo-estadounidense Albert Einstein. Si en la idea convencional del universo las tres dimensiones del espacio y la dimensión única del tiempo se contemplaban por separado, el espacio-tiempo es un continuo tetradimensional.

**gravitación** Fuerza que hace que los objetos físicos se atraigan entre sí. En el espacio la gravitación actúa con una intensidad proporcional al producto de la masa de ambos objetos e inversamente proporcional al cuadrado de la distancia que los separa. En la Tierra, la gravedad confiere peso a los objetos y hace que caigan al suelo al soltarlos. En el espacio, la gravitación tiene numerosos efectos, como, por ejemplo, mantener la Tierra y el resto de los planetas del Sistema Solar en órbita alrededor del Sol, o retener el Sol en órbita alrededor del centro de la Galaxia. La gravitación también es la fuerza que crea un agujero negro cuando la materia se comprime tanto en una región y la masa aumenta tanto que impera una fuerza lo bastante intensa como para atraer todo lo que hay alrededor hacia el interior del agujero negro.

**Grupo Local** Conjunto de más de 30 galaxias con un diámetro de 10 millones de años luz al que pertenecen la Galaxia (la que nos alberga), la galaxia espiral más cercana a nosotros (Andrómeda) y la del Triángulo. El centro gravitatorio del Grupo Local se encuentra entre nuestra Galaxia y Andrómeda.

**Proxima Centauri** Enana roja de la constelación del Centauro. Situada a una distancia aproximada de 4.3 años luz, es la estrella más cercana a nuestro Sol. Las dos estrellas que conforman Alfa Centauri, la segunda y tercera estrellas más próximas a nosotros, solo distan 0.2 años luz de Proxima Centauri. En épocas pasadas se clasificaba Alfa Centauri como un sistema estelar binario, pero ahora se suele considerar que Proxima Centauri y las dos estrellas de Alfa Centauri constituyen una sola entidad, un sistema estelar triple.

# AÑOS LUZ Y PÁRSECS

astronomía en 30 segundos

Antes de 1543 la mayoría de los astrónomos afirmaba que la Tierra no se mueve, porque las estrellas no cambian de posición. Aquel año Nicolás Copérnico propuso que la Tierra sí se mueve (orbita alrededor del Sol) y, como las estrellas no cambian de posición con respecto a otras, argumentó que las estrellas deben de hallarse a distancias enormes. De hecho, las estrellas sí parecen experimentar desplazamientos minúsculos; el aparente cambio de ubicación debido al movimiento de la Tierra se denomina *paralaje*. El primer astrónomo que midió la paralaje de una estrella fue Friedrich Bessel, quien en 1838 determinó que la paralaje de la estrella 61 Cygni asciende a $^1/_3$ de segundo de arco ($^1/_3$ de segundo de arco equivale aproximadamente a 1/10 000 de un grado), apenas el grosor de una aguja vista a 135 metros. La distancia de una estrella hipotética cuya paralaje ascienda a 1 segundo de arco se define como 1 pársec, lo que corresponde a 30.6 billones de kilómetros, aunque la estrella más cercana a nosotros no está tan cerca. Bessel midió la distancia de 61 Cygni y calculó que la luz tarda 11 años en llegar desde esa estrella. Un año luz (la distancia que recorre la luz en un año) asciende a 9.5 billones de kilómetros.

**EXPLOSIÓN EN 3 SEGUNDOS**

La distancia de una estrella a la Tierra se define por la velocidad de la luz y por el movimiento orbital terrestre.

**ÓRBITA EN 3 MINUTOS**

El filósofo natural Francis Robartes intentó explicar la distancia de las estrellas en términos del siglo XVII, y en 1694 escribió: «La luz tarda más tiempo en viajar desde las estrellas hasta nosotros que el que nos lleva a nosotros viajar a las Indias Occidentales (lo que suele hacerse en seis semanas)». La estrella más cercana, Proxima Centauri, dista 4.3 años luz (40.9 billones de kilómetros) y tiene una paralaje de 0.7 segundos de arco.

**TEMAS RELACIONADOS**

*Véase* también
COLOR Y BRILLO DE LAS ESTRELLAS
página 54

**MINIBIOGRAFÍAS**

OLE RØMER
1644-1710
Astrónomo danés que midió por primera vez la velocidad de la luz.

FRIEDRICH BESSEL
1784-1846
Matemático y astrónomo prusiano.

**TEXTO EN 30 SEGUNDOS**

Paul Murdin

***La luz tarda 4 años en viajar desde la estrella más cercana a la Tierra, pero solo tarda 8 minutos en llegarnos desde el Sol.***

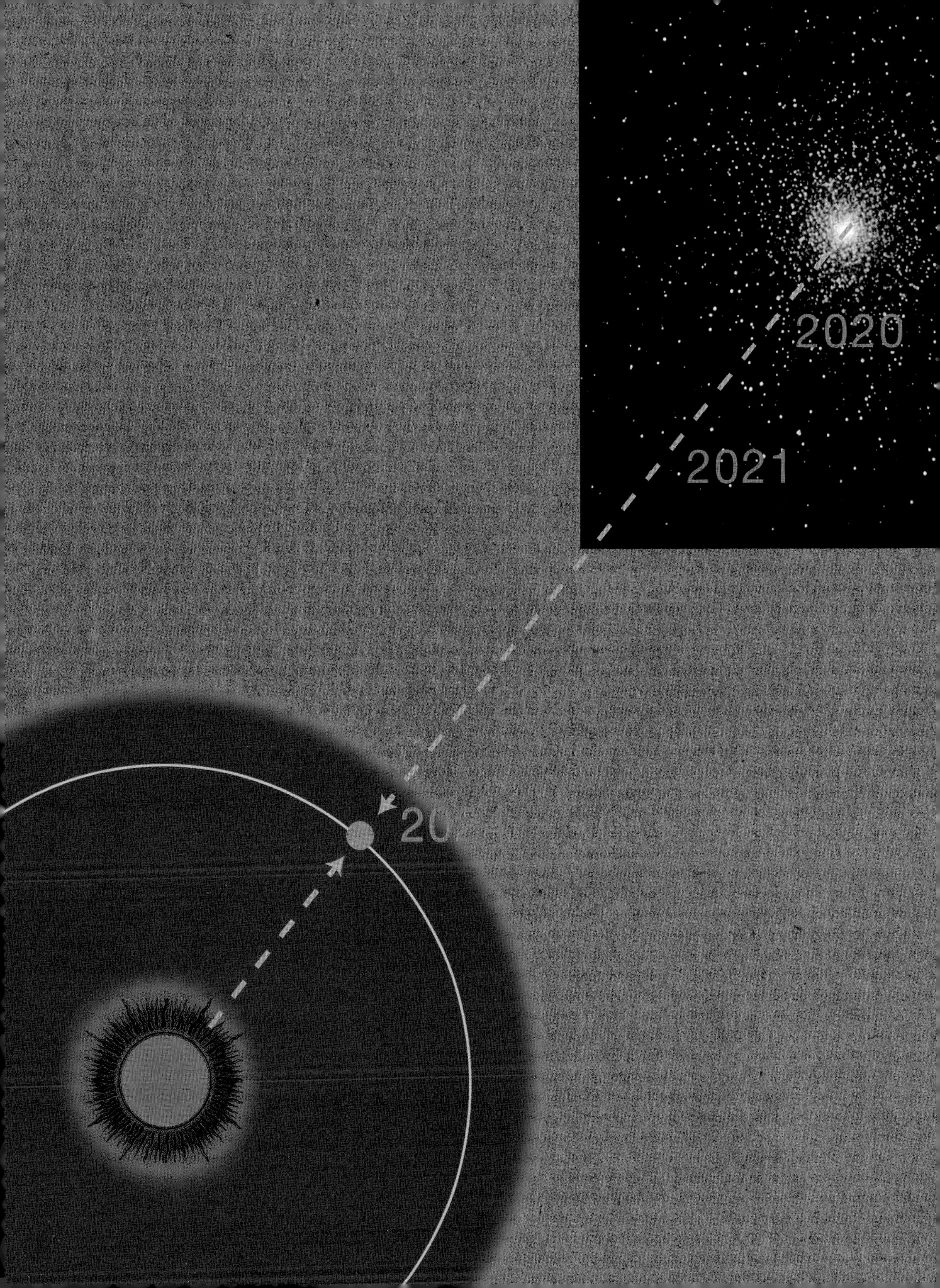
2020
2021

# ELIPSES Y ÓRBITAS

## astronomía en 30 segundos

Hasta el siglo XVI los astrónomos creían que los planetas se mueven alrededor del Sol en circunferencias, o siguiendo combinaciones de varias circunferencias que denominaban *epiciclos*. Tycho Brahe construyó un observatorio antes de la invención del telescopio para medir cómo se mueven en realidad, y en 1605 Johannes Kepler, pupilo suyo, usó las mediciones de Brahe para ilustrar que los planetas orbitan alrededor del Sol siguiendo elipses. Por qué lo hacen así fue un misterio hasta que Isaac Newton demostró que es una consecuencia de su teoría de la gravitación; en particular, se debe a que la fuerza gravitatoria entre el Sol y un planeta es proporcional al inverso del cuadrado de la distancia que los separa. La órbita de una estrella alrededor de otra, o de un satélite alrededor de su planeta, también es elíptica. Newton alardeaba de que su teoría era «universal», y su amigo Edmond Halley consiguió otro logro cuando usó la teoría para mostrar que la órbita de un cometa particular alrededor del Sol era una elipse aplastada y que el objeto regresaría al cabo de 74 años. (Ese objeto se llama en la actualidad «cometa Halley»). Lo habitual es que los cometas orbiten alrededor del Sol siguiendo una parábola; esta figura geométrica es como una elipse extrema, muy alargada y fina.

**EXPLOSIÓN EN 3 SEGUNDOS**

La gravitación es la fuerza que más condiciona el movimiento de los objetos celestes, y cuando Isaac Newton descubrió cómo funciona desencadenó la era científica.

**ÓRBITA EN 3 MINUTOS**

Una elipse es una buena aproximación a la trayectoria que sigue la órbita de un planeta del Sistema Solar, porque en él impera la atracción gravitatoria del Sol, y la del resto de los planetas es despreciable. Sin embargo, a largo plazo las órbitas de dos o más planetas alrededor de una estrella son caóticas, porque los planetas se desvían unos a otros y giran siguiendo órbitas irrepetibles que con el tiempo se tornan incalculables. Las órbitas gravitatorias no son tan definitivas como suele pensarse.

**TEMAS RELACIONADOS**

*Véanse* también
ESTRELLAS BINARIAS
página 56
EXOPLANETAS
página 142

**MINIBIOGRAFÍAS**

TYCHO BRAHE
1546-1601
Astrónomo danés.

JOHANNES KEPLER
1571-1630
Alemán que descubrió las tres leyes del movimiento planetario.

EDMOND HALLEY
1656-1742
Astrónomo inglés.

EDWARD LORENZ
1917-2008
Estadounidense que formuló la teoría del caos.

**TEXTO EN 30 SEGUNDOS**

Paul Murdin

***Los planetas y los asteroides orbitan alrededor del Sol siguiendo elipses. Algunos cometas siguen órbitas elípticas, pero otros trazan parábolas.***

# EL ESPECTRO DE LA LUZ

## astronomía en 30 segundos

La luz viaja en forma de ondas, y la longitud, o el tamaño, de estas determina su color. Toda la luz que percibimos es una combinación de muchas longitudes de onda de luz visible que va desde los 400 hasta los 750 nanómetros de longitud, o del color azul/violeta al rojo. En astronomía se usan los *espectrómetros* para descomponer la luz de un objeto en un arcoíris y medir su espectro, su brillo en cada longitud de onda particular. El ojo humano también es un espectrómetro, solo que un tanto rudimentario, porque concentra la multitud de longitudes de onda en un espectro formado por tres grandes grupos, lo que solo nos permite percibir colores como una mezcla de rojo, verde y azul. Las bombillas incandescentes (que presentan una distribución suave de las longitudes de onda) y las fluorescentes (que solo poseen unas pocas longitudes de onda diferenciadas) nos parecen iguales, pero tienen espectros distintos al observarlas a través de espectrómetros. Los espectrómetros permiten analizar objetos distantes. Los diferentes átomos y moléculas emiten o absorben distintos conjuntos de longitudes de onda; observando esas imágenes espectroscópicas podemos concretar la mineralogía de los asteroides, la composición de las estrellas, la gravedad de las enanas blancas, el movimiento de las galaxias, la dinámica de los agujeros negros... todo ello desde la sala de control de un telescopio.

**EXPLOSIÓN EN 3 SEGUNDOS**

¡La luz es mucho más que lo que vemos! Los astrónomos estudian el cosmos descomponiendo la luz de objetos celestes en millones de colores.

**ÓRBITA EN 3 MINUTOS**

Las ondas de la luz se parecen a las ondas del sonido. Cuando se nos acerca un vehículo con una sirena y después pasa de largo zumbando, oímos que cambia el tono de la sirena: el movimiento del coche comprime y alarga las ondas sónicas. Del mismo modo, las longitudes de onda de la luz que nos llega de los objetos pueden desplazarse hacia el azul (comprimirse) o hacia el rojo (alargarse) debido al movimiento. La espectroscopia de alta resolución permite detectar movimientos de hasta 1 metro por segundo, como el de los planetas que tiran de sus estrellas.

**TEMAS RELACIONADOS**

*Véanse* también
EL SOL
página 36
COLOR Y BRILLO DE LAS ESTRELLAS
página 54
MÁS ALLÁ DE LA LUZ VISIBLE
página 102

**MINIBIOGRAFÍAS**

ISAAC NEWTON
1642-1727
Físico inglés.

CECILIA PAYNE-GAPOSCHKIN
1900-1979
Astrofísica angloestadounidense.

**TEXTO EN 30 SEGUNDOS**

Zachory K. Berta

***El espectro de la luz estelar es en su mayoría un arcoíris suave y continuo de luz, pero se pierde luz de longitudes de onda muy concretas debido a la absorción de los átomos y moléculas de la estrella.***

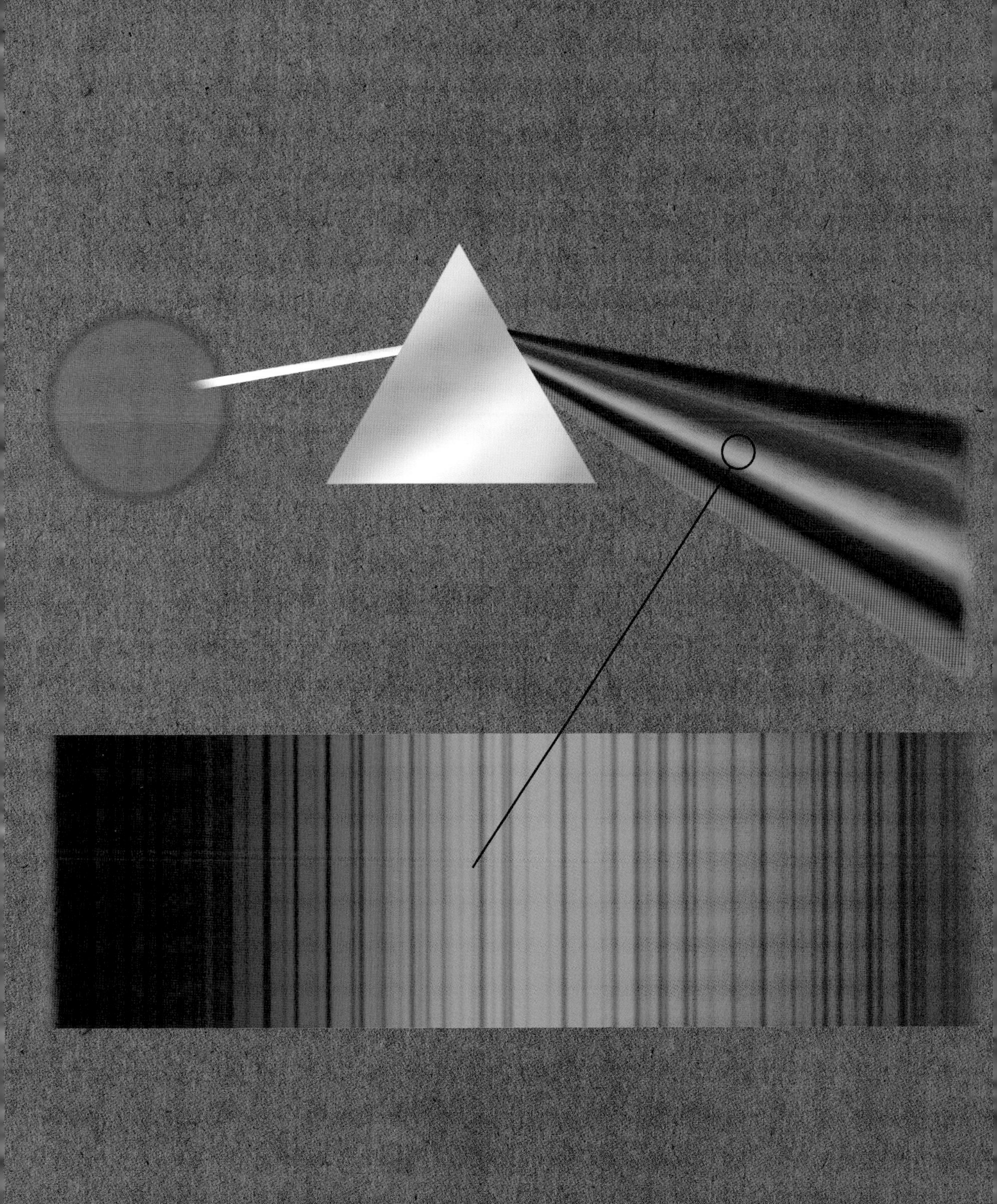

# GRAVITACIÓN

## astronomía en 30 segundos

En el siglo XVII, el físico y matemático inglés Isaac Newton introdujo la idea básica de la gravitación como una fuerza invisible que actúa a distancia sobre un objeto. Su ley de la gravitación universal establece que todos los cuerpos del universo ejercen una fuerza sobre los demás: el empuje más intenso lo ejercen las masas mayores, y la fuerza desciende a medida que aumenta la distancia. La gravitación es lo que que aporta peso a una masa, y dictamina en qué dirección se moverá un objeto sostenido cuando se suelta. El mero principio de la gravitación explica muchos de los comportamientos observados en el universo cercano. Rige con precisión casi todos los movimientos orbitales de los planetas y sus satélites, lo que permite a las agencias espaciales del mundo enviar sondas robóticas a explorar el Sistema Solar. La gravitación determina el movimiento de las estrellas dentro de nuestra Galaxia, o el de las galaxias dentro de cúmulos, como el del Grupo Local. Nuestro conocimiento de la gravitación ha aumentado con la teoría general de la relatividad (1915) de Albert Einstein, la cual reemplaza las ideas de Newton cuando nos enfrentamos a velocidades cercanas a la de la luz. Conocemos mejor los efectos de la gravitación que su naturaleza, y la unificación de la gravitación con la teoría cuántica sigue siendo uno de los grandes problemas sin resolver de la física.

**EXPLOSIÓN EN 3 SEGUNDOS**

La gravitación es clave para entender el universo, porque determina el movimiento y las interacciones de todos los cuerpos.

**ÓRBITA EN 3 MINUTOS**

Cualquier cambio de intensidad del empuje gravitatorio que experimenta un objeto cósmico genera fuerzas de marea. La gran variación de fuerzas que experimentan los océanos de la Tierra, tanto durante los acercamientos máximos de la Luna como en los mínimos, da lugar a dos mareas altas diarias. Las fuerzas de marea entre pares de galaxias en proceso de fusión arrancan largas corrientes de estrellas y gas; y las estrellas que pasan demasiado cerca de un agujero negro pueden quedar completamente trituradas por las fuerzas de marea.

**TEMAS RELACIONADOS**

*Véanse* también
LA LUNA
página 20
ESTRUCTURAS EXTRAGALÁCTICAS
página 88
ELIPSES Y ÓRBITAS
página 120
RELATIVIDAD
página 126

**MINIBIOGRAFÍAS**

ISAAC NEWTON
1642-1727
Físico inglés.

ALBERT EINSTEIN
1879-1955
Físico teórico germano-suizo-estadounidense.

**TEXTO EN 30 SEGUNDOS**

Andy Fabian

***Cuando se acercan dos galaxias a velocidades relativamente bajas, el empuje gravitatorio de una sobre la otra arranca colas «mareales» de gas y estrellas que distorsionan su forma espiral.***

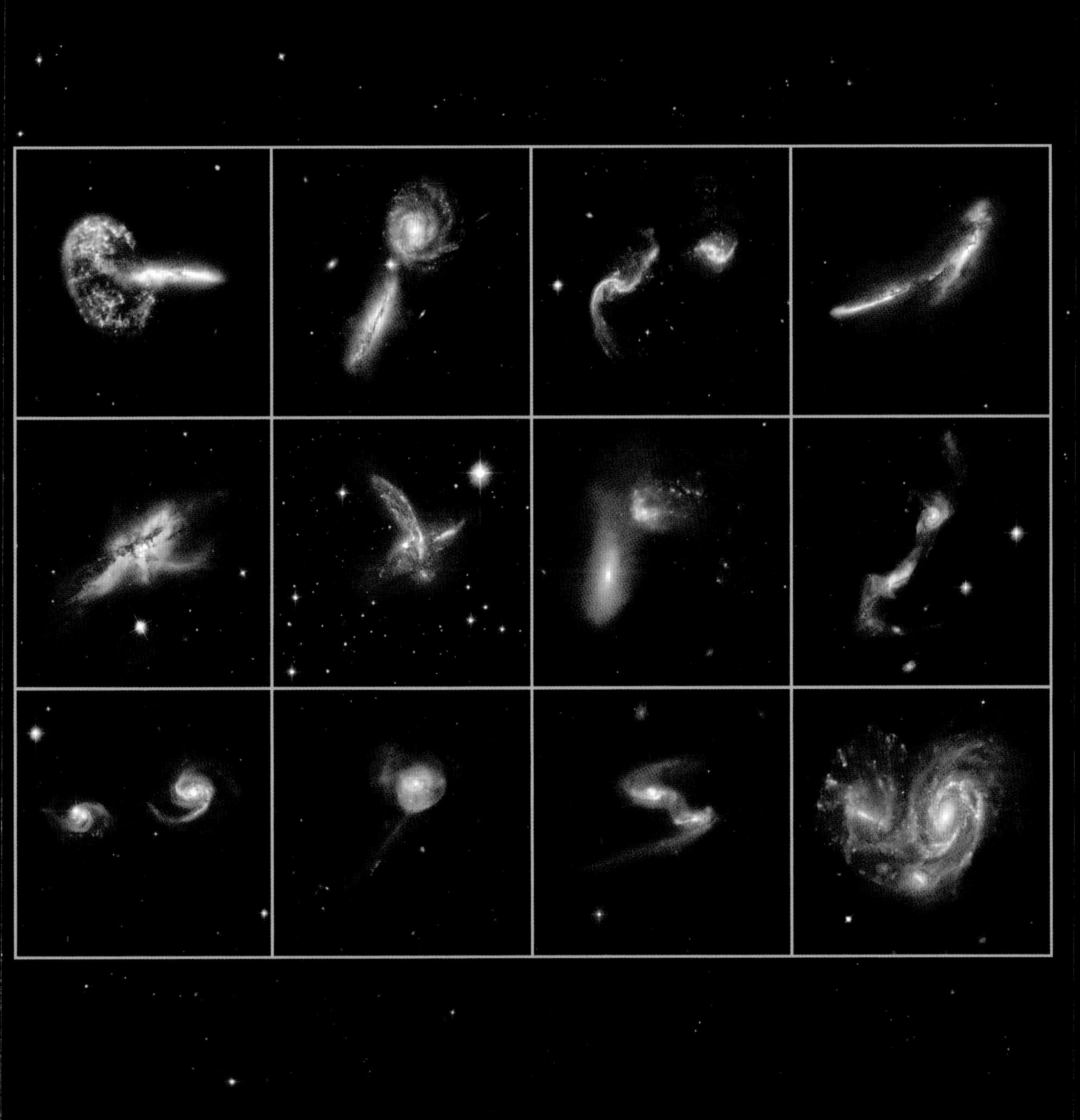

# RELATIVIDAD

## astronomía en 30 segundos

En la teoría especial de la relatividad (1905) Albert Einstein enunció que la medida de las distancias y de los intervalos temporales depende de la velocidad relativa entre las personas y los fenómenos u objetos observados. Cuando un observador estático contempla un reloj que se desplaza a gran velocidad, lo ve funcionar despacio, y las distancias medibles se perciben más cortas que cuando están quietas. A pesar de ello, la velocidad de la luz y las leyes de la física permanecen inmutables para todos los observadores, con independencia de lo rápido que se muevan. Esto nos lleva a la conocida ecuación einsteiniana $E = mc^2$, la cual expresa que cualquier masa también puede contener energía. En 1915 Einstein desarrolló sus ideas hasta formular la teoría general de la relatividad, la cual incluía aceleraciones entre el observador y el objeto observado. Eso aportó una interpretación nueva de la gravitación debida a la curvatura del espacio y el tiempo cuando hay una masa. Por tanto, la distribución de la materia en el universo condiciona la forma global del espacio. También es notable el principio de equivalencia, el cual sostiene que a pequeña escala es imposible para un observador diferenciar entre el empuje hacia abajo de la gravitación y el debido a la aceleración hacia arriba.

**EXPLOSIÓN EN 3 SEGUNDOS**
La relatividad describe cómo la velocidad relativa de un observador y un objeto altera la medición de la distancia y del tiempo.

**ÓRBITA EN 3 MINUTOS**
Las predicciones de la relatividad se han comprobado hasta ahora con todos los experimentos diseñados para ello. A diferencia de la teoría de la gravitación de Newton, la relatividad es capaz de explicar las anomalías en la órbita de Mercurio, las ilusiones causadas por lentes gravitatorias y la desaceleración del tiempo en un campo gravitatorio intenso. Asimismo explica la caída en espiral de una componente hacia la otra en un sistema estelar binario muy apretado debido a la emisión de ondas gravitatorias.

**TEMAS RELACIONADOS**
*Véanse* también
ESTRELLAS BINARIAS
página 56
AGUJEROS NEGROS
página 70
GRAVITACIÓN
página 124
LENTES GRAVITATORIAS
página 128

**MINIBIOGRAFÍAS**
HENDRIK LORENTZ
1853-1928
Físico neerlandés.

ALBERT EINSTEIN
1879-1955
Físico teórico germano-suizo-estadounidense.

**TEXTO EN 30 SEGUNDOS**
Andy Fabian

***La figura del espacio está curvada en profundas hondonadas en las proximidades de los objetos masivos, como los planetas, las estrellas y las galaxias.***

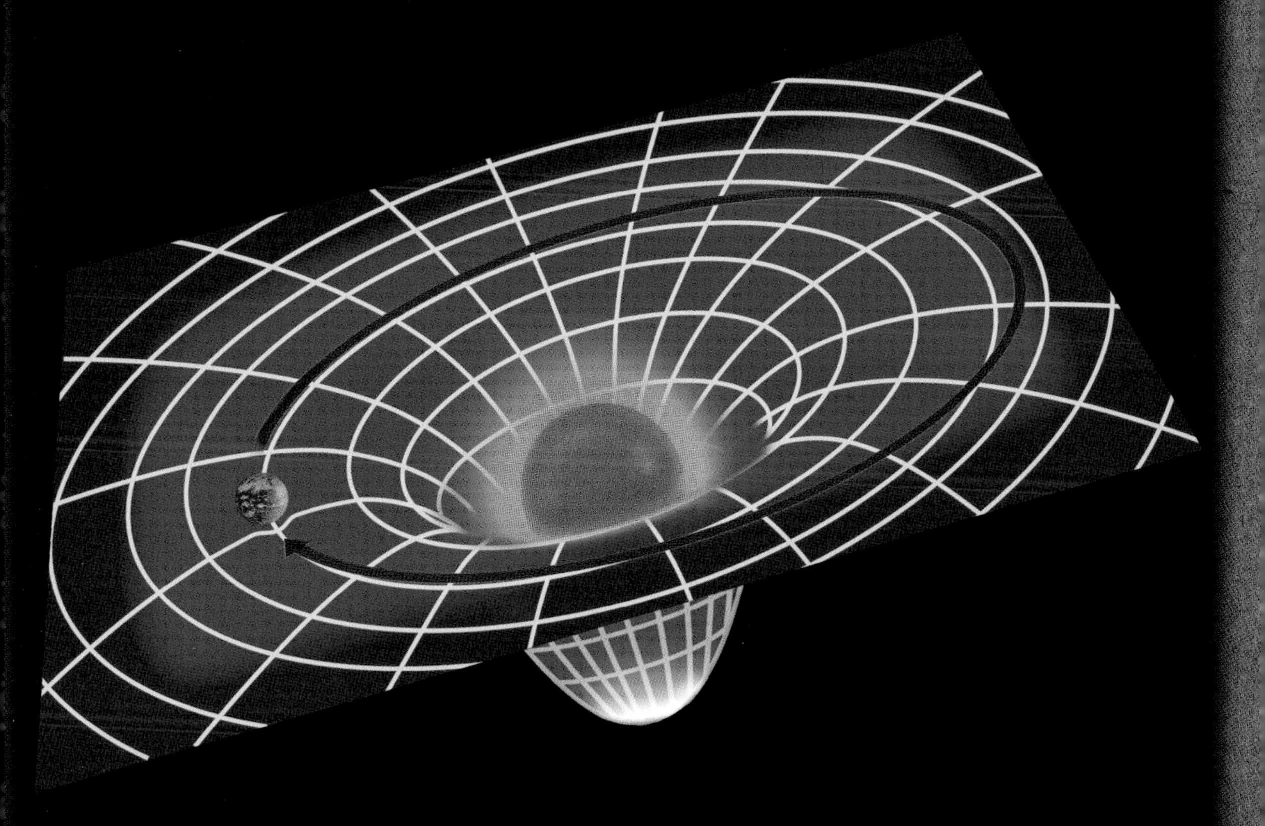

# LENTES GRAVITATORIAS

astronomía en 30 segundos

Las lentes de aumento que usamos en la Tierra funcionan concentrando la luz que las atraviesa y sirviéndose de la refracción para curvar la luz cuando pasa entre el aire y el vidrio. En el vacío del espacio, la luz viaja en línea recta sin desviarse jamás de su trayectoria inicial. Pero ¿qué ocurre si la luz pasa junto a un objeto muy masivo? La intensa gravitación asociada a la masa del objeto provocará, según la teoría general de la relatividad de Einstein, que se curve el propio espacio; si el espacio se curva, la luz que viaja por él también parecerá curvarse. Los cúmulos de galaxias, cuya masa supera en 1 000 000 000 000 000 veces la del Sol, pueden actuar como «lentes gravitatorias» potentísimas que amplifiquen la luz de galaxias situadas por detrás, y a veces distorsionan su figura y las convierten en preciosos arcos finos en el firmamento. En algunas ocasiones se da la rara circunstancia de que las lentes gravitatorias se encuentran justo en el lugar perfecto para servirnos como zum natural (aunque inmóvil) ante nuestros telescopios, lo que permite observar con gran detalle rasgos de galaxias jóvenes que aún se encuentran en las primeras etapas de su formación en los confines del universo observable. Aparte de los cúmulos de galaxias, hay muchos otros objetos astronómicos que pueden funcionar como lentes gravitatorias a escalas más pequeñas, desde los agujeros negros supermasivos hasta los planetas minúsculos.

**EXPLOSIÓN EN 3 SEGUNDOS**

El universo está salpicado de lentes gravitatorias, enormes cristales astronómicos de aumento que enfocan o distorsionan la luz estelar más lejana, mucho antes de alcanzar los telescopios.

**ÓRBITA EN 3 MINUTOS**

Los astrónomos que estudian las estrellas han descubierto raros destellos de luz causados por «microlentes» gravitatorias procedentes de estrellas o planetas de nuestra Galaxia, que en ocasiones se alinean con estrellas distantes del fondo, atrapan su luz, la enfocan en dirección a la Tierra y la amplían de un modo espectacular durante un período breve. Hasta la fecha se han descubierto más de doce planetas con esta técnica.

**TEMAS RELACIONADOS**

*Véanse* también
AGUJEROS NEGROS
página 70
MATERIA OSCURA
página 110
GRAVITACIÓN
página 124
RELATIVIDAD
página 126

**MINIBIOGRAFÍAS**

FRITZ ZWICKY
1898-1974
Astrónomo suizo.

BOHDAN PACZYNSKI
1940-2007
Astrónomo polaco y principal investigador de las lentes y microlentes gravitatorias.

**TEXTO EN 30 SEGUNDOS**

Zachory K. Berta

***Un cúmulo de galaxias masivo curva la luz de los objetos del fondo y crea imágenes múltiples y ampliadas de los mismos, que se pueden observar con telescopios.***

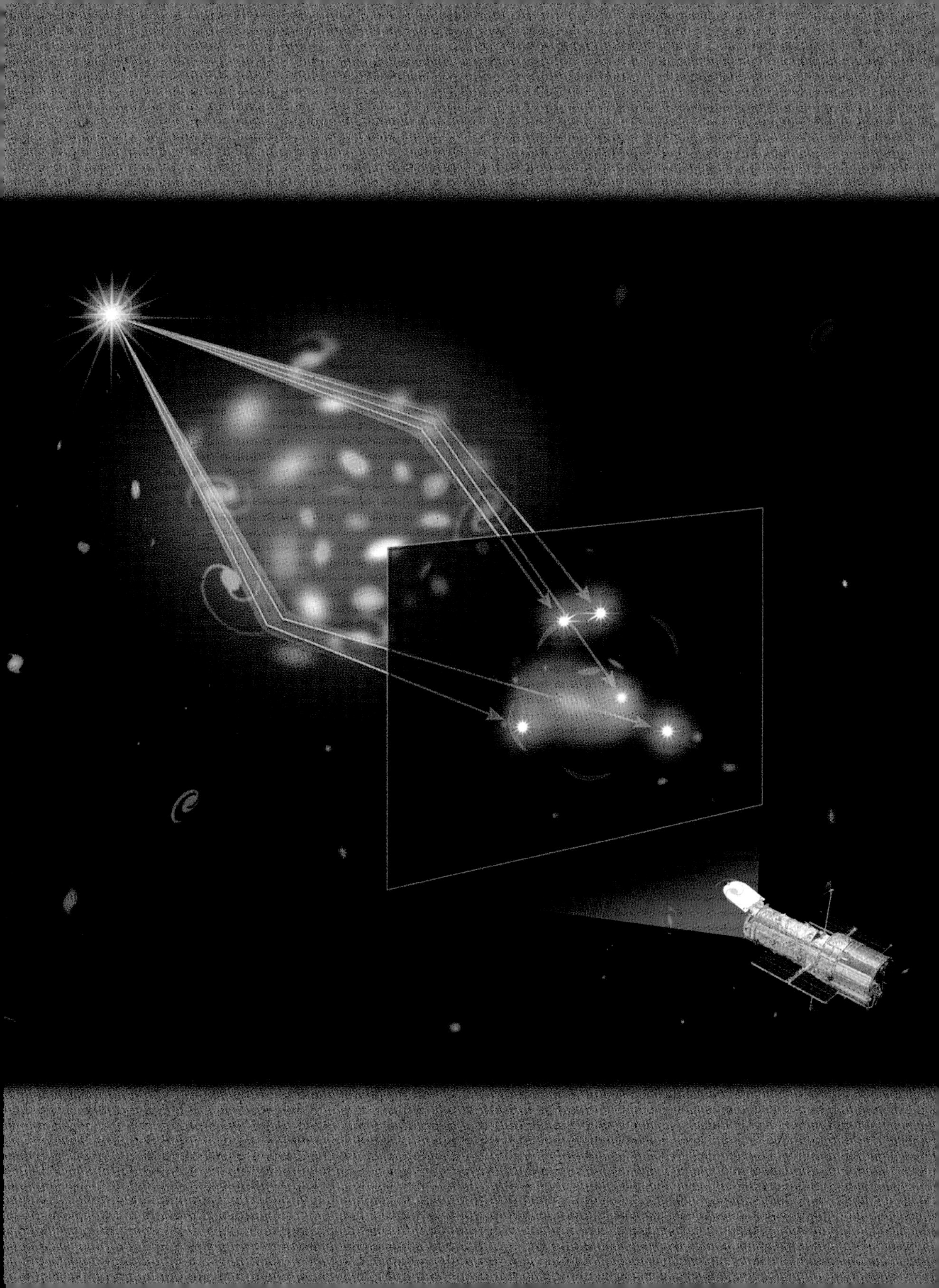

**1898**
Nace en Varna, Bulgaria

**1904**
Lo envían a Suiza para formarse; con el tiempo termina estudiando en Zúrich, en la Escuela Politécnica Federal de Zúrich, ETHZ

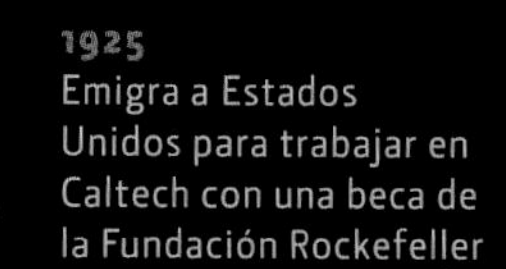

**1925**
Emigra a Estados Unidos para trabajar en Caltech con una beca de la Fundación Rockefeller

**1933**
Infiere la existencia de la materia oscura

**1934**
Acuña el término *supernova*; publica (con Walter Baade) la obra *Cosmic Rays from Super-Novae*

**1935**
Usa por primera vez (junto con Baade) el telescopio Schmidt

**1937**
Plantea que los cúmulos de galaxias y las nebulosas pueden actuar como lentes gravitatorias, tal como predijo Einstein

**1942**
Lo nombran profesor de astronomía en Caltech

**1943-1961**
Asesor y director de investigación en Aerojet Engineering Corporation

**1946**
Publica la obra *On the Possibility of Earth-Launched Meteors*

**1949**
Lo condecoran con la Medalla Presidencial de la Libertad por su trabajo sobre propulsión de cohetes

**1961-1968**
Recopila con otros científicos la obra en seis volúmenes *Catalog of Galaxies and Clusters of Galaxies*. Lo nombran profesor emérito en Caltech (1968)

**1969**
Publica *Discovery, Invention, Research through Morphological Analysis*

**1971**
Autopublica la obra *Catalog of Selected Compact Galaxies*

**1972**
Recibe la Medalla de Oro de la Real Sociedad Astronómica británica

**1974**
Fallece en Pasadena; recibe sepultura en Mollis, Suiza

# FRITZ ZWICKY

Fritz Zwicky, más conocido como el padre de la materia oscura, la cual identificó y bautizó como tal, nació en Bulgaria de padre suizo y madre checa, estudió en la prestigiosa Eidgenössische Technische Hochschule de Zúrich y pasó toda su vida profesional en Estados Unidos, la mayor parte de ella en el Instituto de Tecnología de California. Fue el primer astrofísico de Caltech (y del mundo) por la sencilla razón de que decidió casar su formación como físico con la astronomía. Fue un pensador independiente y original, y muchas de sus ideas y teorías precoces, ridiculizadas por algunos contemporáneos, se han convertido en ortodoxas: la existencia de la materia oscura, las estrellas de neutrones, las lentes gravitatorias y las supernovas; y las que no lo hicieron (como los duendes nucleares, que modifican o adaptan a su antojo el Sistema Solar creando meteoros artificiales) aún pululan por el reino de la ciencia ficción. Desde un punto de vista práctico resultan indispensables su catálogo de galaxias en seis volúmenes y su obra pionera sobre la propulsión a chorro durante y después de la segunda guerra mundial.

Zwicky no solo «pensó fuera de la caja», sino que además creó una caja propia desde la que pensar, el llamado análisis morfológico, que consiste en el refinamiento de una herramienta de investigación científica diseñada por Goethe. Funciona introduciendo todos los datos, por inconexos que parezcan, en una matriz, y considerando a continuación todos los resultados posibles de un problema, hasta las soluciones más pasmosas. Se cuenta que una vez ordenó a un ayudante que disparara un revólver por la ranura de un telescopio para eliminar la turbulencia; no funcionó, pero es un buen ejemplo de su forma radical, imprevisible, de pensar.

La deslumbrante reputación científica de Zwicky se ha visto bastante empañada por la actitud que mantuvo hacia sus colegas y alumnos. Aunque era un humanitario convencido, no se sentía nada bien rodeado de gente; tenía fama de no soportar a los ignorantes, y mucho menos con gusto, y siempre estaba convencido de que tenía la razón y todos los demás eran estúpidos (incluso Robert Oppenheimer). En el momento de su muerte aún mantenía un enfrentamiento con algunos de sus alumnos por la introducción vilipendiosa que escribió para su *Catalog of Selected Compact Galaxies (Catálogo de galaxias compactas seleccionadas)* (1971), en la que se autoproclamaba un lobo solitario heroico, y a todos los demás los tachaba de atolondrados, sicofantes tergiversadores de datos y serviles lameculos.

# AGUJEROS DE GUSANO

astronomía en 30 segundos

La teoría general de la relatividad de Einstein admite la existencia de agujeros negros que creen un puente hacia un lugar distinto del universo, o hacia otro universo. Este puente adopta la forma de un tubo (un agujero de gusano) que conecta dos puntos separados del espacio-tiempo. Si redujéramos el espacio a una hoja de papel bidimensional curvada sobre sí misma, un agujero de gusano se vería como un túnel hueco que formara un atajo entre las dos capas. El tiempo que se tardaría en atravesar un agujero de gusano sería muy inferior al que se requeriría para realizar ese viaje a lo largo del espacio normal y, por tanto, el agujero de gusano podría brindar una medio para viajar más deprisa que la luz. Si un extremo del agujero de gusano estuviera muy acelerado y el otro permaneciera estático, entonces el tiempo transcurriría menos deprisa en el extremo estático, de acuerdo con la teoría de la dilatación del tiempo de la teoría especial de la relatividad de Einstein. Así que se podría entrar por el extremo en movimiento del agujero de gusano y salir por el otro antes del instante en que nos adentramos en él y, por tanto, viajar en el tiempo. De momento, sin embargo, los agujeros de gusano no son más que un mero concepto teórico, y no surgen de manera natural de los agujeros negros formados a partir del colapso de una estrella masiva.

**EXPLOSIÓN EN 3 SEGUNDOS**

Un agujero de gusano es un túnel hipotético que conecta regiones distintas del espacio y el tiempo, ya sea dentro de nuestro propio universo o para llegar a un universo paralelo.

**ÓRBITA EN 3 MINUTOS**

Los agujeros de gusano se predicen inestables, lo que limita su potencial para viajar por el espacio-tiempo. Se colapsarían tan deprisa que ninguna materia lograría atravesarlos antes de que la ruta de salida quedara clausurada. Algunos científicos sostienen que la boca de un agujero de gusano podría mantenerse abierta si se llenara con materia exótica que produjera «antigravitación», como la sustancia que, según se especula, podría desempeñar el papel de la energía oscura en el universo.

**TEMAS RELACIONADOS**

*Véanse* también
AGUJEROS NEGROS
página 70
ENERGÍA OSCURA
página 112
RELATIVIDAD
página 126

**MINIBIOGRAFÍAS**

ALBERT EINSTEIN
1879-1955
Físico teórico germano-suizo-estadounidense

NATHAN ROSEN
1909-1995
Físico estadounidense-israelí.

JOHN ARCHIBALD WHEELER
1911-2008
Físico teórico estadounidense.

**TEXTO EN 30 SEGUNDOS**

Andy Fabian

***Podemos imaginar un agujero de gusano como una conexión potencial entre diferentes tiempos y lugares del universo.***

OTROS MUNDOS

**OTROS MUNDOS**
GLOSARIO

**51 Pegasi** Estrella de la constelación de Pegaso que dista 50.9 años luz de la Tierra. A su alrededor gira el planeta 51 Pegasi b, el primer exoplaneta que se identificó.

**astrobiología** Desarrollo y comprobación de hipótesis relacionadas con la vida extraterrestre. Los astrobiólogos también estudian la evolución temprana de la vida en la Tierra. La exobiología se dedica al estudio más limitado de los efectos de los entornos extraterrestres sobre seres vivos hipotéticos y las implicaciones para la vida extraterrestre.

**astrofísica** Estudio de la física del universo que incorpora el estudio de las propiedades e interacciones físicas de los objetos celestes.

**carbono** Elemento encontrado en todas las formas de vida conocidas. Se trata del cuarto elemento más abundante del universo, precedido por el hidrógeno, el helio y el oxígeno. Es el producto de la combustión del helio en reacciones nucleares de fusión en el seno de las estrellas.

**Curiosity** Vehículo de la NASA que aterrizó en Marte el 6 de agosto de 2012, lanzado el 26 de noviembre de 2011.

**disco protoplanetario** Disco giratorio de gas que rodea una estrella recién formada.

**envoltura gaseosa** Nube de gases que se mantienen unidos por la gravitación. Una envoltura de gases forma una nebulosa. La atmósfera de la Tierra también se denomina en ocasiones envoltura gaseosa.

**exoplanetas (o planetas extrasolares)** Planetas situados fuera del Sistema Solar.

**geofísica** Estudio de la física de la Tierra y de su atmósfera.

**GJ 1214b** Exoplaneta que orbita alrededor de la estrella GJ 1214, situada a unos 40 años luz del Sol en la constelación de Ofiuco. Descubierto en 2009, es un ejemplo de súper-Tierra, con un radio y una masa mayores que los de la Tierra, pero más pequeño que los gigantes gaseosos del Sistema Solar. Las observaciones de GJ 1214b con el telescopio espacial Hubble parecen indicar que el agua constituye gran parte de su masa.

**HD 209458b** Exoplaneta en órbita alrededor de la estrella HD 209458, situada a unos 150 años luz del Sol en la constelación de Pegaso. Fue el primer exoplaneta que se observó durante un tránsito ante su estrella, y el primero cuya atmósfera pudo ser estudiada. Orbita tan cerca de su estrella que un año dura tan solo 3.5 días terrestres y se calcula que su temperatura en superficie ronda los 1000 °C.

**Kepler 10b** Exoplaneta que orbita alrededor de la estrella Kepler 10, situada a unos 564 años luz del Sol en la constelación del Dragón. La misión Kepler de la NASA apuntó a Kepler 10 y descubrió un sistema planetario formado por al menos dos planetas, llamados Kepler 10b y Kepler 10c.

**macroscópico** Término opuesto a *microscópico*. Un objeto macroscópico es aquel que se percibe a simple vista, mientras que un objeto microscópico solo se puede ver mediante un microscopio.

**misión Kepler** Décima misión del programa Discovery de la NASA, un satélite artificial lanzado para localizar exoplanetas de la categoría de las súper-Tierras en la zona habitable de sus estrellas (la región donde los planetas tienen posibilidades de contar con suficiente presión atmosférica como para tener agua líquida en la superficie y, por tanto, para albergar vida).

**perturbación** Movimiento de un planeta o de un objeto grande debido a fuerzas no surgidas de la atracción gravitatoria de una sola fuente externa. La perturbación puede deberse a planetas o satélites naturales, o a una atmósfera. En astronomía se pueden localizar exoplanetas, por ejemplo, a través de las perturbaciones gravitatorias en el movimiento de una estrella. La órbita normal alrededor del centro de la Galaxia sufre alteraciones debidas a los efectos gravitatorios del planeta; aunque el exoplaneta diste demasiado para verlo, se puede inferir su existencia a partir de la perturbación que produce en la estrella.

**planetas oceánicos** Planetas hipotéticos cuya superficie está completamente cubierta por un océano. La comunidad astronómica considera probable que algunos planetas migren hacia el interior de su sistema estelar, cerca de su estrella, y que, como resultado, un planeta helado se pueda convertir en un planeta oceánico cuando el hielo se funde.

**súper-Tierras** Exoplanetas con una masa comprendida entre la de la Tierra ($5.9722 \times 10^{24}$ kg) y la de Neptuno ($102.4 \times 10^{24}$ kg). La masa de Neptuno es 17.5 veces la de la Tierra.

**tránsito** Paso de un planeta por delante de su estrella. Durante los tránsitos se puede usar el telescopio espacial Hubble para obtener datos relacionados con la atmósfera del planeta.

**vida extraterrestre** Cualquier forma de vida hipotética no surgida de la Tierra, desde un organismo de unas pocas células, hasta un «alienígena» imaginario más convencional.

**Viking** Misión de descubrimiento de la NASA con destino a Marte. En 1975 se lanzaron dos naves, Viking 1 y Viking 2, que aterrizaron en Marte en 1976.

# EXTRATERRESTRES

astronomía en 30 segundos

Cuanto más hemos aprendido sobre el espacio a lo largo de los numerosos siglos transcurridos desde que los astrónomos de la Antigüedad situaban la Tierra en el centro del universo, más nos hemos dado cuenta de que el Sistema Solar no tiene nada de especial. El hito más reciente en este proceso de descubrimiento ha consistido en la identificación de exoplanetas y de indicios de que abundan los planetas similares a la Tierra. Estas novedades tal vez apunten a que en el universo es habitual la vida tal y como la conocemos, basada en átomos y moléculas comunes. Sin embargo, la humanidad aún no ha detectado ningún signo de vida en otro lugar, ni dentro ni fuera del Sistema Solar, ni ha encontrado ninguna señal de que la Tierra haya sido visitada por alguna otra forma de vida. Este simple hecho indica que escasean las civilizaciones extraterrestres muy avanzadas con deseos de comunicarse, lo que podría parecer una paradoja si se tiene en cuenta que seguramente haya una cantidad elevadísima de «otras Tierras» y que la evolución tecnológica parece exponencial. Una posible explicación de esta paradoja es que las civilizaciones avanzadas tal vez tengan un intervalo de vida corto, una hipótesis que encuentra gran eco en una época en que la población humana de la Tierra toma conciencia del ritmo alarmante con que está alterando su propio entorno.

**EXPLOSIÓN EN 3 SEGUNDOS**

La existencia de vida extraterrestre es un interrogante cuya respuesta aún no se conoce, a pesar de que hay indicios de su posibilidad.

**ÓRBITA EN 3 MINUTOS**

Es difícil predecir qué aspecto podría tener una forma de vida alienígena. La vida suele definirse como un sistema autoorganizado que se reproduce, que reacciona al entorno y que evoluciona en generaciones sucesivas. La manera más sencilla de lograr todo eso parece basarse en la química del átomo de carbono y del agua líquida, pero esta idea se basa, por supuesto, en la vida que conocemos.

**TEMAS RELACIONADOS**

*Véanse* también
LA TIERRA
página 18
EXOPLANETAS
página 142
HACIA OTRAS TIERRAS
página 148

**MINIBIOGRAFÍAS**

ENRICO FERMI
1901-1954
Físico estadounidense nacido en Italia.

FRANK DRAKE
1930-
Astrónomo y astrofísico estadounidense.

JILL TARTER
1944-
Astrónoma y astrofísica estadounidense.

**TEXTO EN 30 SEGUNDOS**

François Fressin

***La vida de la Tierra se basa en la molécula de ADN. ¿Evolucionaría también la vida extraterrestre a partir de la replicación de macromoléculas?***

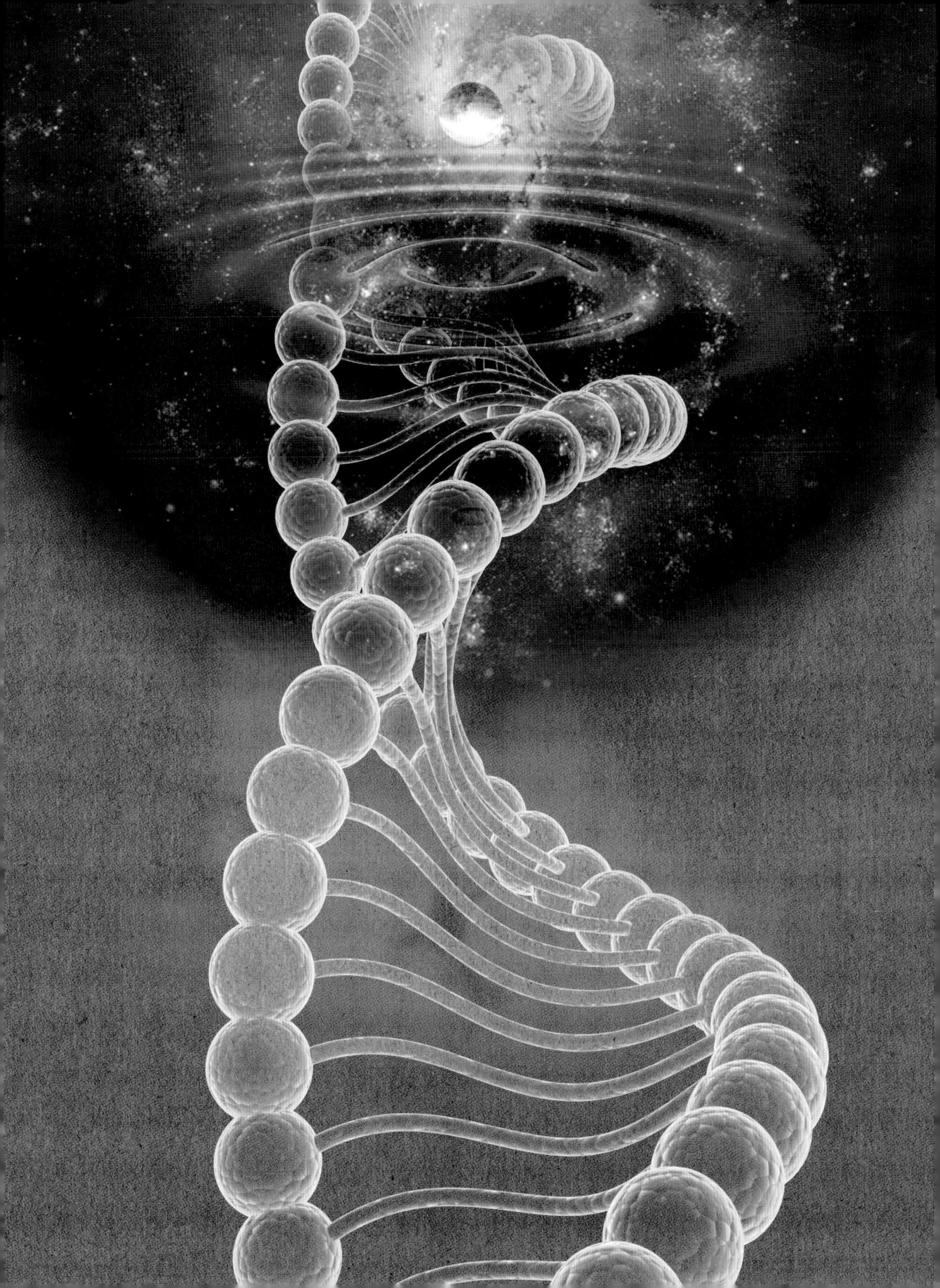

**1934**
Nace en Brooklyn, Nueva York

**1954**
Se gradúa en la Universidad de Chicago (Bachelor of Arts)

**1955**
Se gradúa en ciencias físicas (Bachelor of Science) por la Universidad de Chicago (y obtiene el máster en 1956)

**1960**
Se doctora en astronomía y astrofísica por la Universidad de Chicago

**1960-1962**
Disfruta de una beca Miller en la Universidad de California

**1962**
La sonda espacial Mariner 2 de la NASA confirma su hipótesis de que la superficie de Venus es muy seca y tórrida

**1962-1968**
Trabaja en el Observatorio Astrofísico Smithsoniano de Cambridge, Massachusetts, y ejerce la docencia en Harvard

**1971**
Trabaja en la Universidad de Cornell, Ithaca, Nueva York

**1972**
Profesor titular en Cornell, director del Laboratorio de Estudios Planetarios y (hasta 1981) vicedirector del Centro de Radiofísica e Investigación Espacial

**1972**
Se lanza la sonda espacial de la NASA Pioneer 10, que porta una placa de comunicación diseñada por Sagan

**1977**
Recibe la Medalla de la NASA al Servicio Público Distinguido

**1978**
Gana el Premio Pulitzer en la categoría de no ficción con la obra *Los dragones del Edén: Especulaciones sobre la evolución de la inteligencia humana* (1977)

**1979**
Escribe *El cerebro de Broca: Reflexiones sobre el romance de la ciencia*

**1980**
Coguionista y narrador de la galardonada serie de televisión *Cosmos: un viaje personal*

**1982**
Organiza una petición en defensa de la creación del Instituto SETI (siglas de *search for extraterrestrial intelligence*, «búsqueda de inteligencia extraterrestre») en la revista *Science*

**1984**
Se crea el Instituto SETI y él se convierte en miembro de la junta directiva

**1985**
Escribe *Contacto*, obra de la que más tarde se hará una película (1997)

**1994**
Recibe la Medalla Oersted

**1994**
Recibe la Medalla al Bienestar Público de la Academia Nacional de Ciencias de Estados Unidos

**1995**
Escribe *Un punto azul pálido: una visión del futuro humano en el espacio*

**1996**
Escribe *El mundo y sus demonios: la ciencia como una vela en la oscuridad*

**1996**
Fallece en Seattle

**1997**
Se publica su obra póstuma *Miles de millones: pensamientos de vida y muerte en la antesala del milenio*

# CARL SAGAN

Carl Sagan, astrónomo, astrofísico, cosmólogo y autor prolífico, divulgó sin pudor lo que más le gustaba y alcanzó gran popularidad (para gran fastidio y hasta disgusto de algunos de sus colegas). Fascinado con las estrellas desde los cinco años, según sus propios recuerdos, aunó el sentimiento de asombro con un compromiso inquebrantable con el método científico: mantén la mente abierta, pero cuestiónate en todo momento lo que entre en ella. Desarrolló el «Kit de detección de engaños», una serie de herramientas mentales que ayudan a cualquiera con una mente dinámica a desenmascarar la seudociencia y a desnudar a los charlatanes, e instó a usarlo en cualquier ocasión.

Sagan aprovechó los medios de masas para producir una serie de televisión de gran éxito internacional en la década de 1980 en la que explicó lo que se sabía por entonces acerca del cosmos, y escribió o colaboró en más de 20 libros destinados a un público no especializado en ciencias. Al mismo tiempo siguió una carrera triunfal en la ciencia más rigurosa, sobre todo en la Universidad de Cornell, Nueva York. Tal vez fuera una suerte para él que su actividad despegara casi al mismo tiempo que el programa espacial de la NASA; ejerció como asesor durante todo el tiempo que duró, desde la década de 1950 (cuando aún era un estudiante de doctorado) en adelante, lo que le permitió dar instrucciones a los astronautas del programa Apollo y diseñar los experimentos que se efectuarían en naves robóticas. Desde su cátedra de astronomía propuso varias hipótesis (que más tarde se demostraron correctas) sobre las temperaturas en la superficie de Júpiter y Venus, los cambios estacionales en Marte, y la probabilidad de que hubiera agua en Titán (satélite de Saturno) y Europa (satélite de Júpiter). Asimismo fue una de las primeras voces que advirtió sobre los peligros del cambio climático y (durante la Guerra Fría) sobre la catastrófica posibilidad de que se produjera un invierno nuclear, si en algún momento la guerra llegaba a volverse caliente.

Probablemente Sagan sea más conocido por su labor pionera en exobiología (el estudio de las condiciones biológicas fuera de la Tierra) y la búsqueda de vida extraterrestre. Promovió el uso de los radiotelescopios para detectar señales de vida, y diseñó las placas que se enviaron en las sondas espaciales Pioneer y Voyager pensadas para que formas de vida inteligente pudieran decodificarlas. Fiel a sus preceptos, sometió a un análisis riguroso todos los avistamientos de ovnis y todos los casos no comprobables de abducciones alienígenas, y hacia el final de su vida llegó a la conclusión de que es muy improbable que la Tierra haya recibido jamás la visita de seres inteligentes extraterrestres, aunque eso no significara que no los hubiera ahí fuera, en algún lugar.

# EXOPLANETAS

## astronomía en 30 segundos

La humanidad ha imaginado durante siglos la existencia de mundos en órbita alrededor de estrellas distintas del Sol, pero no los descubrió hasta el final del siglo XX. En 1995, el astrofísico suizo Michel Mayor y su alumno Didier Queloz detectaron la perturbación gravitatoria debida a un objeto tan masivo como Júpiter en órbita alrededor de la estrella llamada 51 Pegasi. Desde entonces, los astrónomos han identificado miles de exoplanetas (o planetas extrasolares). La diversidad de planetas localizados solo parece limitada por las posibilidades tecnológicas de los telescopios empleados para ello. Se han encontrado planetas en órbita alrededor de estrellas binarias; otros no están vinculados a ninguna estrella y flotan libres en el espacio. Hay mundos chamuscados con la superficie fundida, planetas gigantes con inmensos núcleos rocosos y una masa varias docenas de veces mayor que la de la Tierra, planetas más oscuros que la pintura negra y mundos de agua que probablemente estén cubiertos por completo por un océano. Durante la búsqueda de un planeta realmente análogo a la Tierra ha surgido un campo nuevo de estudio que aúna la astrofísica, la geofísica y la biología; el estudio de la habitabilidad de exoplanetas valora su idoneidad para albergar vida.

**EXPLOSIÓN EN 3 SEGUNDOS**

Los exoplanetas son planetas que no pertenecen al Sistema Solar; su descubrimiento reciente intensificó la búsqueda de otras formas de vida en el universo.

**ÓRBITA EN 3 MINUTOS**

La detección de «otras Tierras» plantea desafíos extremos. Nuestra Tierra ya es de por sí prácticamente invisible desde las sondas que hemos enviado hasta los confines del Sistema Solar. Sin embargo, podemos rastrear las huellas de un exoplaneta estudiando su influjo en el movimiento de la estrella alrededor de la que orbita, o detectando un leve descenso transitorio de su luz debido a que el planeta eclipsa una pequeña porción de la estrella.

**TEMAS RELACIONADOS**

*Véanse* también

SÚPER-TIERRAS Y PLANETAS OCEÁNICOS
página 146

HACIA OTRAS TIERRAS
página 148

**MINIBIOGRAFÍAS**

GIORDANO BRUNO
1548-1600
Astrónomo italiano quemado en la hoguera por la Inquisición de Roma por afirmar que el universo podía albergar una pluralidad de mundos habitados.

MICHEL MAYOR Y DIDIER QUELOZ
1942- y 1966-
Astrofísicos suizos pioneros en la búsqueda de exoplanetas.

**TEXTO EN 30 SEGUNDOS**

François Fressin

***51 Pegasi fue la primera estrella en la que descubrimos un exoplaneta, uno tan grande como Júpiter pero que la orbita en tan solo cuatro días.***

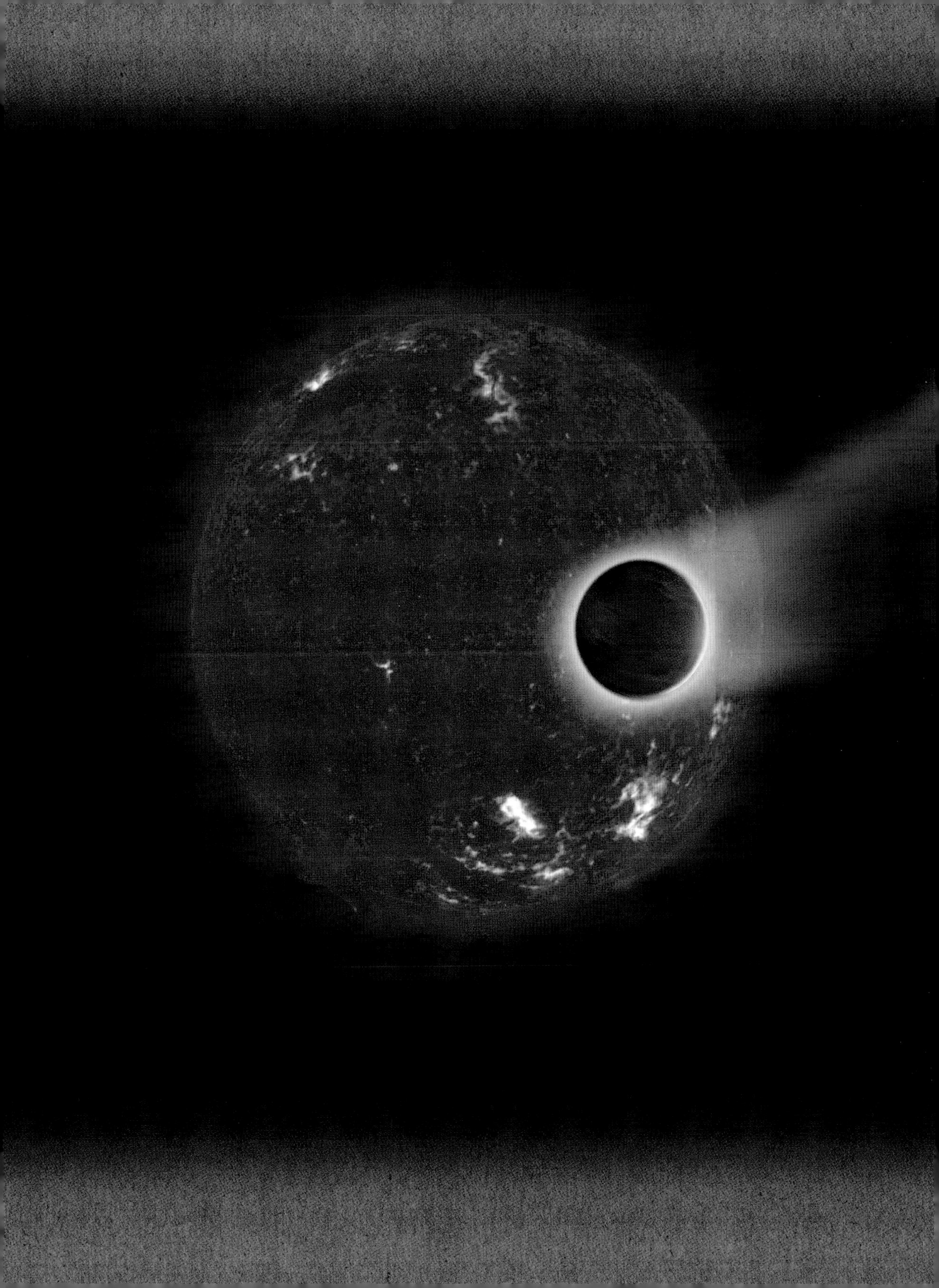

# LOS JÚPITER CALIENTES

astronomía en 30 segundos

Si arrastráramos el planeta Júpiter hacia la región interior del Sistema Solar hasta situarlo donde se encuentra Mercurio, a una distancia de unos pocos radios solares desde la superficie del Sol, este gigante recorrería su minúscula órbita a gran velocidad en unos pocos días. Las intensas fuerzas gravitatorias oprimirían y tensarían el planeta hasta que sincronizara su movimiento de rotación con su movimiento orbital y tuviera siempre la misma cara iluminada y la otra oscura. El increíble flujo de energía procedente de la abrasadora estrella calentaría su atmósfera hasta los 1000 °C y lanzaría potentes vientos que difundirían dicha energía hasta la cara del planeta siempre en tinieblas. En el Sistema Solar no existe ningún planeta así, y durante años los astrónomos han pensado que no podría existir en ningún lugar, hasta que descubrieron varios alrededor de otras estrellas. El exoplaneta con el rebuscado nombre HD 209458b, un júpiter caliente, fue el primer exoplaneta hallado que *transita,* o pasa, ante su estrella. Los tránsitos no solo confirmaron que los exoplanetas existen, sino que también permitieron calcular su tamaño midiendo la cantidad de luz que bloquean durante los tránsitos.

**EXPLOSIÓN EN 3 SEGUNDOS**

Estos mundos infernales tan grandes y tórridos fueron los primeros que se descubrieron alrededor de otras estrellas.

**ÓRBITA EN 3 MINUTOS**

El tránsito de un exoplaneta ante su estrella permite hacer algo más que medir su tamaño; también deja ver su atmósfera. Una pequeña fracción de la luz de la estrella se filtra a través de la atmósfera del planeta antes de llegar a la Tierra. La composición molecular y la estructura de la atmósfera dejan su huella espectroscópica en la luz de la estrella. Observando esa huella a través de telescopios grandes, se extrae información sobre la atmósfera de planetas alejadísimos imposibles de visitar.

**TEMAS RELACIONADOS**

*Véanse* también
MERCURIO
página 14
JÚPITER
página 24
ESTRELLAS BINARIAS
página 56

**MINIBIOGRAFÍAS**

TIMOTHY BROWN
1950-
Astrónomo estadounidense que, junto a David Charbonneau, detectó por primera vez el tránsito y midió la atmósfera de un júpiter caliente, HD 209458b.

DAVID CHARBONNEAU
1974-
Astrónomo estadounidense-canadiense.

**TEXTO EN 30 SEGUNDOS**

Zachory K. Berta

***Este ejemplo de júpiter caliente está representado a escala (tanto en lo que se refiere a tamaño como a distancia) con respecto a su estrella progenitora.***

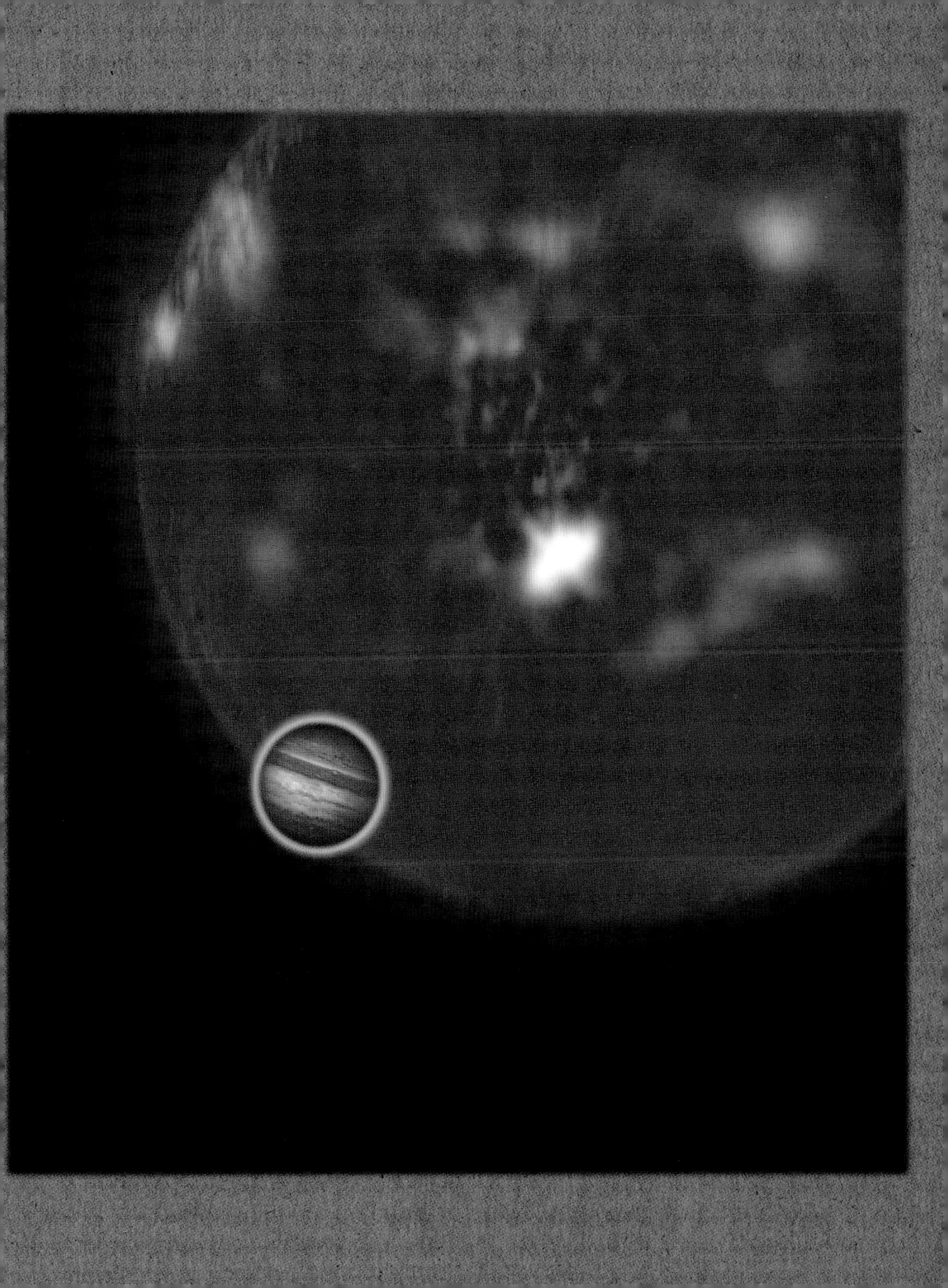

# SÚPER-TIERRAS Y PLANETAS OCEÁNICOS

astronomía en 30 segundos

Ninguno de los planetas que orbitan alrededor del Sol tiene un tamaño intermedio entre el de la Tierra y el del gigante helado Neptuno. Pero, como los astrónomos pueden determinar el tamaño de los planetas que orbitan alrededor de otras estrellas midiendo la cantidad de luz estelar que bloquean, sabemos que nuestra Galaxia parece repleta de planetas de esas dimensiones. Aunque estos planetas reciban el nombre astronómico de súper-Tierras debido a su tamaño, muchos no guardan ninguna similitud con la Tierra. Uno de esos exoplanetas es Kepler 10b, cuya densidad, muy superior a la de la Tierra, induce a pensar que debe de estar formado por entero de roca y hierro fundidos. En cambio, el exoplaneta GJ 1214b es mucho menos denso que la Tierra y podría estar compuesto en gran medida por un nebuloso vapor de agua mezclado con otros gases: un planeta de agua u oceánico. Tanto Kepler 10b como GJ 1214b se encuentran muy próximos a sus estrellas progenitoras y son muy tórridos, pero los planetas de tipo súper-Tierra situados en órbitas más frías podrían contar con una corteza estéril de roca, o con una atmósfera hinchada de hidrógeno, o con continentes móviles como la Tierra, o tal vez incluso con océanos de cientos de kilómetros de profundidad que los abarquen en su totalidad. A medida que se estudien la masa, el tamaño y la atmósfera de más súper-Tierras, iremos conociendo mejor los procesos que determinan la formación y evolución de esos exoplanetas.

**EXPLOSIÓN EN 3 SEGUNDOS**

Los exoplanetas un poco mayores que la Tierra podrían ser muy diversos; los astrónomos están muy interesados en estudiarlos.

**ÓRBITA EN 3 MINUTOS**

Si una súper-Tierra creciera un poco de más en su juventud, iniciaría un proceso denominado *acreción desbocada*, que la haría captar cantidades inmensas de gas del disco protoplanetario y la convertiría en un gigante gaseoso. Sería difícil que la vida surgiera en un planeta con una envoltura gaseosa tan profunda. El tamaño máximo que podría alcanzar un planeta sin dejar de ser cómodo para la vida constituye un tema de estudio muy activo en el ámbito de la ciencia exoplanetaria.

**TEMAS RELACIONADOS**

*Véanse* también
LA TIERRA
página 18
URANO Y NEPTUNO
página 30
EXOPLANETAS
página 142
LOS JÚPITER CALIENTES
página 144
HACIA OTRAS TIERRAS
página 148

**MINIBIOGRAFÍA**

SARA SEAGER
1971-
Astrofísica estadounidense-canadiense, investigadora de vanguardia en el campo de las súper-Tierras.

**TEXTO EN 30 SEGUNDOS**

Zachory K. Berta

***Lo único que conocemos sobre muchas súper-Tierras descubiertas recientemente es su tamaño, mayor que el de la Tierra, pero menor que el de planetas como Neptuno o Júpiter.***

# HACIA OTRAS TIERRAS

## astronomía en 30 segundos

Avances tecnológicos recientes han permitido a la comunidad astronómica identificar los primeros planetas del tamaño de la Tierra en órbita alrededor de otras estrellas, pero aún no sabemos si son muy comunes ni qué fracción de ellos podría albergar vida. Se emplean dos técnicas para buscar estos objetos tan tenues y distantes, que no son más que rocas minúsculas en órbita alrededor de bolas de fuego un millón de veces más masivas que ellos, y que se funden con ellas en una sola mancha de luz en las imágenes telescópicas. La técnica dinámica consiste en identificar el movimiento del planeta alrededor de la estrella al observar el desplazamiento reflejo de la estrella empujada por el planeta, o el descenso de la luz cuando el planeta eclipsa una pequeña región de la estrella mientras recorre su órbita. La técnica de la imagen directa exige bloquear la luz procedente de la estrella para ver su entorno, porque en caso contrario el fulgor del astro impediría detectarlo. Una vez que los telescopios captan y concentran suficiente luz, se pueden estudiar las características atmosféricas del planeta y averiguar cuánto se parecen a las de la Tierra. Creemos que, a medida que avance el siglo XXI, iremos tomando imágenes de esos planetas para cartografiarlos y buscar cambios estacionales e indicios directos de vida.

**EXPLOSIÓN EN 3 SEGUNDOS**

Ya tenemos la tecnología para encontrar planetas del tamaño de la Tierra alrededor de otras estrellas y descubrir si se le parecen.

**ÓRBITA EN 3 MINUTOS**

El sistema Alfa Centauri es el más próximo al Sol. En 2020 podríamos contar con pruebas de si alberga o no un planeta como la Tierra. El siguiente paso quizá consista en lanzar una sonda para que tome imágenes de alta resolución. Este retador proyecto probablemente implicará a varias generaciones de científicos hasta que la sonda llegue a Alfa Centauri. Poner en marcha este proyecto y compartir sus resultados constituiría una experiencia muy integradora.

**TEMAS RELACIONADOS**

*Véanse* también
LA TIERRA
página 18
EL ESPECTRO DE LA LUZ
página 122
EXOPLANETAS
página 142
SIGNOS DE VIDA EXTRATERRESTRE
página 150

**MINIBIOGRAFÍAS**

BERNARD LYOT
1897-1952
Astrónomo francés.

GEOFFREY MARCY
1954-
Astrónomo estadounidense pionero en el descubrimiento de exoplanetas.

**TEXTO EN 30 SEGUNDOS**

François Fressin

***Alfa Centauri A, la estrella más brillante de la constelación del Centauro, es del mismo tipo que nuestro Sol, lo que alimenta la especulación sobre la posibilidad de que cuente con planetas que alberguen vida.***

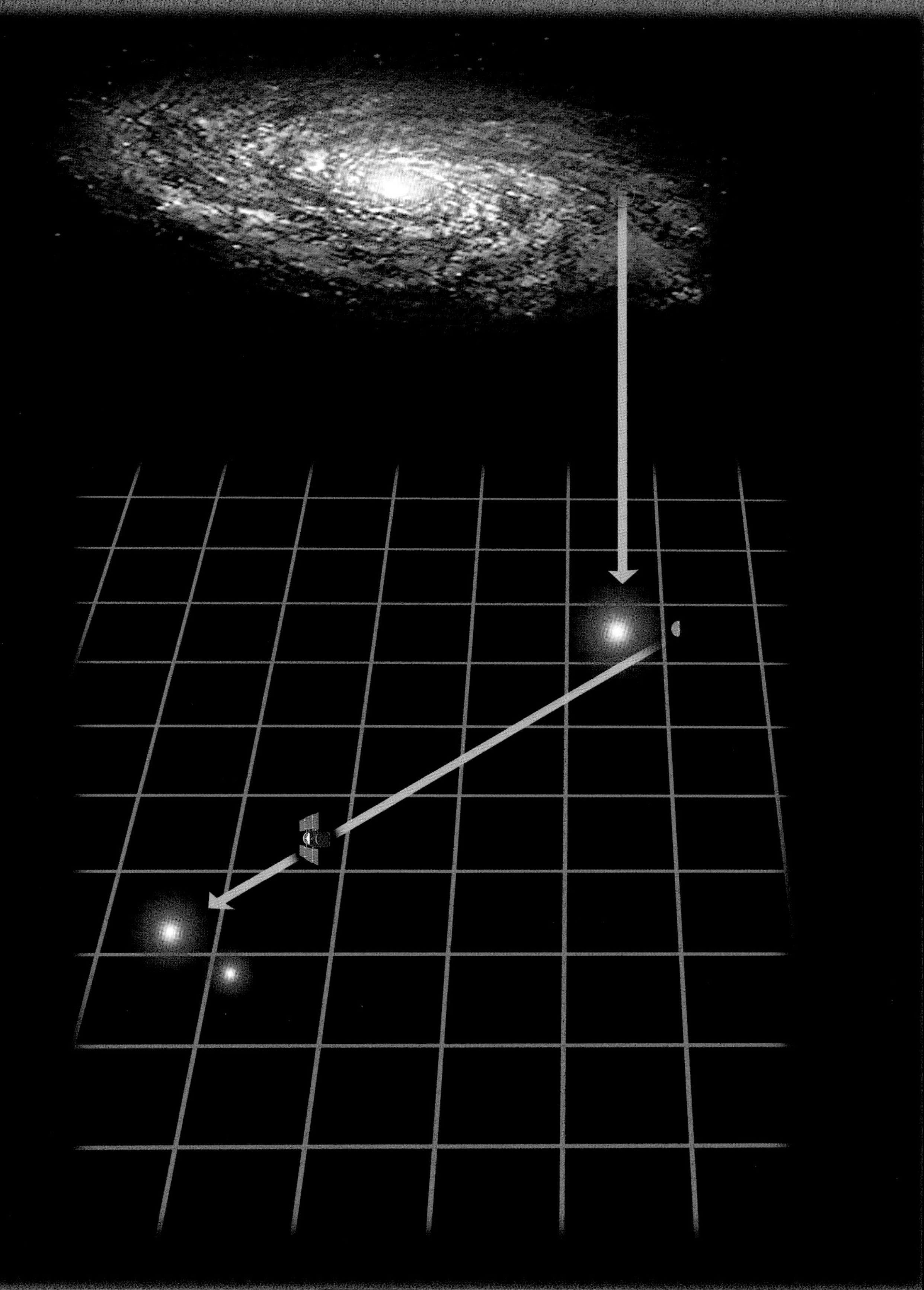

# SIGNOS DE VIDA EXTRATERRESTRE

astronomía en 30 segundos

Podemos afirmar que la búsqueda de vida en otros planetas comenzó a finales del siglo XIX, cuando los observadores de Marte creyeron ver «canales» rectos en ese planeta, que más tarde resultaron ser ilusiones ópticas debidas a los instrumentos empleados. En la década de 1970 las naves Viking portaron experimentos biológicos hasta la superficie de Marte, pero no lograron identificar ningún signo concluyente de vida. A pesar de los numerosos objetos volantes no identificados (ovnis) que desde entonces se ha afirmado que han visitado la Tierra, la única imagen nítida que tenemos de un «platillo volante» es la del escudo térmico que portó el todoterreno Curiosity enviado a Marte por la NASA entre 2011 y 2012, con la intención de estudiar la habitabilidad del planeta y si alguna vez pudo albergar vida. La comunidad astronómica también está investigando si podría existir vida en otros objetos del Sistema Solar, como en el satélite de Júpiter llamado Europa. Sin embargo, la mejor baza que tenemos para descubrir otras formas de vida macroscópicas consiste en escudriñar las «otras Tierras» que orbitan alrededor de estrellas distantes. Mediante el estudio de la composición atmosférica de esos planetas, se buscan las moléculas producidas con mayor probabilidad por organismos vivos (como el oxígeno y el metano de la Tierra) que por procesos químicos normales.

**EXPLOSIÓN EN 3 SEGUNDOS**

La astrobiología investiga si hay vida fuera de la Tierra, y en qué condiciones probables, además de cómo podríamos detectarla en caso de que la hubiera.

**ÓRBITA EN 3 MINUTOS**

La búsqueda de inteligencia extraterrestre apunta directamente a la detección de una civilización alienígena avanzada, o a que sea ella la que nos encuentre a nosotros. El sistema más importante consiste en usar grandes radiotelescopios para localizar el rastro de telecomunicaciones de otra civilización, pero de momento aún no se ha identificado ninguna señal de ese tipo. Otra cuestión es cómo podríamos dejar huellas detectables y qué lenguaje resultaría inteligible para una civilización extraterrestre.

**TEMAS RELACIONADOS**

*Véanse* también
LA TIERRA
página 18
EXTRATERRESTRES
página 138
HACIA OTRAS TIERRAS
página 148

**MINIBIOGRAFÍAS**

CARL SAGAN
1934-1996
Astrónomo y escritor estadounidense.

**TEXTO EN 30 SEGUNDOS**

François Fressin

***Europa, satélite de Júpiter, muestra grietas en la superficie helada que apuntan a la presencia de un posible océano bajo la superficie, en el que podría haber surgido la vida.***

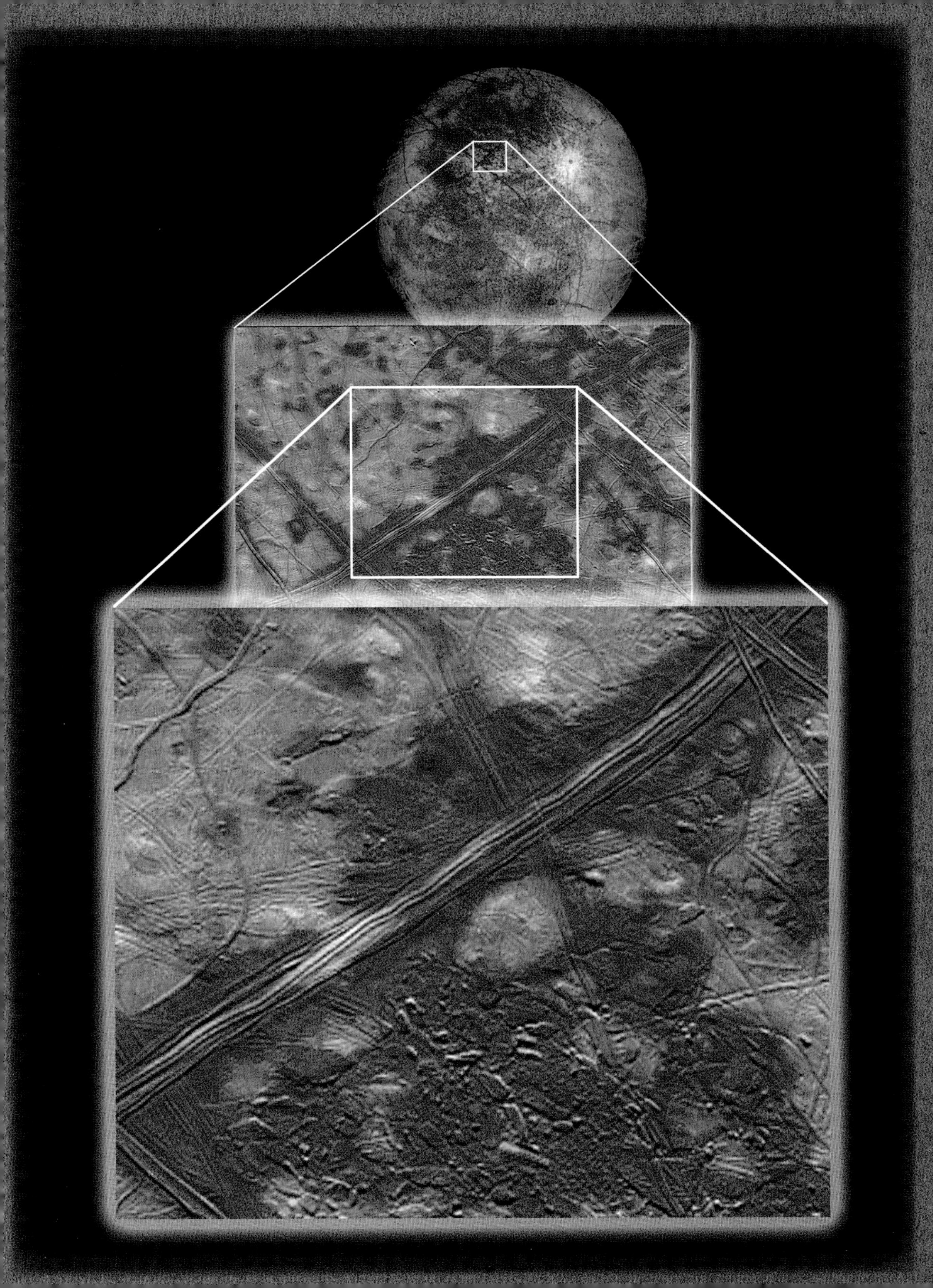

# APÉNDICE

## RECURSOS

### LIBROS


*An Introduction to Modern Astrophysics*, Bradley W. Carroll y Dale A. Ostlie (Pearson, 2006)

*Diccionario Oxford-Complutense de astronomía*, ed. Ian Ridpath (traducción al castellano de Alejandro Ibarra Sixto, Editorial Complutense, 1999)

*DK Illustrated Encyclopaedia of the Universe*, ed. Martin Rees (Dorling Kindersley, 2011)

*El universo: la guía visual definitiva*, ed. Martin Rees (Pearson-Alhmambra, 2006)

*Exoplanets*, Sara Seager (University of Arizona Press, 2010)

*Exploring the X-Ray Universe*, Frederick D. Seward y Philip A. Charles (Cambridge University Press, 2010)

*Firefly Encyclopedia of Astronomy*, Paul Murdin (Firefly, 2004)

*Mapping the Universe*, Paul Murdin (Carlton Publishing, 2012)

*Mirror Earth: The Search for Our Planet's Twin*, Michael D. Lemonick (Walker Books, 2012)

*Planetary Sciences*, Imke de Pater y Jack Lissauer (Cambridge University Press, 2001)

*Secretos del universo*, Paul Murdin (traducción al castellano de Dulcinea Otero-Piñeiro, Akal, 2009)

*Space: From Earth to the Edge of the Universe*, Carole Stott, Robert Dinwiddie y Giles Sparrow (Dorling Kindersley, 2010)

*Strange New Worlds: The Search for Alien Planets and Life Beyond Our Solar System*, Ray Jayawardhana (Princeton University Press, 2011)

*Universe*, Roger A. Freedman & William J. Kaufmann (W. H. Freeman, 2010)

*Unveiling the Edge of Time: Black Holes, White Holes, Wormholes*, John Gribbin (Crown Publications, 1994)

## WEBS

http://www.nasa.gov
La Administración Nacional para la Aeronáutica y el Espacio (NASA, National Aeronautics and Space Administration) es la agencia gubernamental estadounidense que se encarga del programa espacial y de investigación aeronáutica y aeroespacial civil de ese país. Intercambia datos con otras organizaciones nacionales e internacionales mediante su sistema de observación de la Tierra, sus grandes observatorios y el satélite de observación de gases invernadero.

http://apod.nasa.gov/apod
*Imagen astronómica del día* (APOD, *Astronomy Picture of the Day*) destaca cada día una imagen distinta relacionada con la astronomía o la ciencia espacial, acompañada de una explicación breve por parte de un astrónomo profesional.

http://kepler.nasa.gov nasa's
Página en internet de la misión Kepler. El objetivo de este observatorio espacial consiste en buscar planetas habitables.

http://www.esa.int
Página en internet de la Agencia Espacial Europea. ESA es una organización intergubernamental que en la actualidad está integrada por 19 Estados miembros. Participa en el programa de la Estación Espacial Internacional, mantiene un puerto espacial de primer orden en la Guayana Francesa y participa en el diseño de vehículos de lanzamiento.

http://www.russianspaceweb.com
La Agencia Espacial Federal de Rusia, habitualmente llamada Roscosmos, es la agencia gubernamental responsable del programa espacial y de la investigación aeroespacial rusos. Esta página en internet está en inglés.

## SOBRE LOS AUTORES DE ESTE LIBRO

### EDITOR

**François Fressin** es un investigador asociado de la Universidad de Harvard, Massachusetts. Nació en Lille, Francia, donde se graduó en ingeniería, y con posterioridad se graduó y doctoró en astrofísica por la Universidad de París. Su campo de estudio se centra en la detección y descripción de planetas que orbitan alrededor de otras estrellas. Es miembro de la misión Kepler, destinada a identificar planetas similares a la Tierra, los más propensos a albergar unas condiciones favorables para la vida. El doctor Fressin dirige estudios estadísticos para determinar la abundancia de esos mundos distantes y la relación que mantienen con su estrella progenitora. Es miembro fundador del proyecto A STEP, que estudia el Dome C de la Antártida como un posible punto de observación astronómica. Mediante el empleo del telescopio espacial Kepler de la NASA, participó en el descubrimiento de la mayoría de los exoplanetas más pequeños que se conocen hasta la fecha. En diciembre de 2011 descubrió los primeros planetas de un tamaño similar al de la Tierra en órbita alrededor de una estrella diferente al Sol.

### PRÓLOGO

**Martin Rees** pertenece a la Junta de Gobierno del Trinity College y es profesor emérito de cosmología y astrofísica en la Universidad de Cambridge. Ostenta el título honorario de astrónomo real, y ejerció durante diez años como director del Instituto de Astronomía de Cambridge y como director del Trinity College (2004-2012). En 2005 fue elegido miembro de la Cámara de los Lores y también presidió la Real Sociedad durante el período 2005-2010. Es socio extranjero de la Academian Nacional de Ciencias estadounidense, de la Academia Estadounidense de Artes y Ciencias y de la Sociedad Filosófica Estadounidense, y es miembro honorario de la Academia Rusa de Ciencias, de la Academia Pontificia y de otras academias extranjeras diversas. Ha presidido la Asociación Británica para el Avance de la Ciencia (1994-1995) y la Real Sociedad Astronómica británica (1992-1994). El profesor Rees forma parte en la actualidad del Consejo del Instituto de Estudios Avanzados de Princeton y de la Fundación Gates de Cambridge, y ha pertenecido a numerosas instituciones relacionadas con la formación, los estudios espaciales, el control de armas y la colaboración internacional en el espacio.

**Darren Baskill** es un astrofísico con base en la Universidad de Sussex en Brighton, donde dirige el programa de divulgación de física y astronomía. El doctor Baskill también trabaja como astrónomo independiente del Observatorio Real de Greenwich, Londres, donde brinda sesiones de planetario y cursos de astrofotografía.

**Zachory K. Berta** es un estudioso de los exoplanetas, planetas que orbitan alrededor de estrellas que no son el Sol. Participa activamente en la búsqueda de exoplanetas nuevos y en la observación de la atmósfera de esos mundos distantes con la finalidad de resolver el viejo interrogante de si hay vida en algún otro lugar de la Galaxia. Zachory Berta estudia un posgrado en astronomía en el Centro Harvard-Smithsonian de Astrofísica de Cambridge, Massachusetts.

**Carolin Crawford** ocupa la cátedra Gresham de astronomía y es miembro de la junta de gobierno y profesora del Emmanuel College de Cambridge. Durante su carrera investigadora estudió las galaxias más masivas del universo, alojadas en el núcleo de los cúmulos de galaxias. Dirige el programa público de divulgación del Instituto de Astronomía de Cambridge, y ha dado cientos de conferencias públicas ante auditorios muy variados. En 2009 recibió un premio del Consejo de Investigación del Reino Unido (UKRC) por su labor divulgadora. La profesora Crawford participa con regularidad en programas radiofónicos tanto nacionales como locales del Reino Unido.

**Andy Fabian** es profesor de investigación de la Real Sociedad británica en el Instituto de Astronomía de la Universidad de Cambridge. Dirige el grupo de astronomía de rayos X, dedicado al estudio de cúmulos de galaxias y agujeros negros y la interrelación entre ellos. Presidió la Real Sociedad Astronómica británica de 2008 a 2010, y es miembro de la Real Sociedad británica. Su labor ha oscilado entre la observación del cielo de rayos X con un cohete lanzado desde una zona despoblada de Woomera, Australia, y la confección de un mapa del cúmulo de galaxias de Perseo a lo largo de varias semanas empleando el Observatorio Chandra de rayos X. Confía en trabajar con datos procedentes del futuro observatorio de rayos X estadounidense-japonés Astro-H.

**Paul Murdin** es un astrónomo dedicado al estudio de supernovas, agujeros negros y estrellas de neutrones, que trabaja en el Instituto de Astronomía de la Universidad de Cambridge, Inglaterra. En el pasado asumió puestos influyentes dentro del Centro Espacial Nacional Británico y en las agencias de financiación gubernamental para la astronomía del Reino Unido. El doctor Murdin aspira a desarrollar una segunda carrera como locutor, comentarista, conferenciante y escritor sobre temas astronómicos. La reina lo nombró oficial de la Orden del Imperio Británico por su labor de difusión internacional de la astronomía y la ciencia.

# ÍNDICE


51 Pegasi 136, 142
61 Cygni 116, 118

**A**
acreción 116
agujeros de gusano 132-133
agujeros negros 52, 56, 68, 70-71, 106, 108, 132
Algol 52
Andrómeda, galaxia de 74
años luz 93, 118-119
Apollo, programa 12
asterismo 76
asteroides 42-43, 116
astrobiología 136, 150
astrofísica 131, 136

**B**
Bessel, Friedrich 118
Brahe, Tycho 120
Burnell, Jocelyn Bell 66-67

**C**
cabellera 34, 46
campo magnético 22, 38
carbono 136
Carrington, Richard 38
cefeidas, variables 74
Ceres 40, 42
cometas 46-47, 74, 80
 cometa Halley 34, 46
 de período corto 35
constelaciones 76-77
Copérnico, Nicolás 44-45, 118
corona solar 35, 38
cosmología 92
cuásares 93, 108-109
cúmulos estelares abiertos 75
cúmulos globulares 74
Curiosity, todoterreno 136, 150

**D**
desgasificación 13
desplazamiento hacia el azul 116
desplazamiento hacia el rojo 99, 117
disco protoplanetario 35, 42, 137

**E**
Einstein, Albert 112, 124, 128
elipses 116, 120-121
energía oscura 92, 112-113
envoltura gaseosa 136
Éride (Eris) 40-41
espacio-tiempo 117
espaguetificación 70
espectro de la luz 122-123
estrellas 35
 binarias 56-57, 85
 color y brillo de las 54-55
 de la secuencia principal 52
 de neutrones 53, 64, 68, 106
 enanas 54
  blancas 53, 62-63
 gigantes 52-54, 60-61
 pulsantes 58, 67
 púlsares 64-65, 67
 Sol 36-37
 supergigantes 54, 60
 variables 58-59
estructuras extragalácticas 88-89
exobiología 141
exoplanetas 136, 142-43, 144, 146
extraterrestres 136, 138-139, 141, 150-151

**F**
fondo cósmico de microondas
 residuo 92, 100-101
fotosfera solar 35
fuentes explosivas de rayos gamma 52, 106-107
fuerzas fundamentales 92
fulguración solar 38
fusión nuclear 34

**G**
galaxias 74, 82, 108, 112
 clasificación de 99
 cúmulo de Virgo 75
 elípticas 74
 espirales 75
 galaxia de Andrómeda 74
 galaxia del Triángulo 75
 lenticulares 74
 nuestra Galaxia 82-83, 86
 otras galaxias 86-87
Galileo Galilei 24, 26-27
Galle, Johann Gottfried 30
geofísica 136
gigante gaseoso 12
GJ 1214b 136
Gran Explosión *(Big Bang)* 92, 94-95, 99, 100
Gran Mancha Roja 24
gravitación 117, 120, 124-125
 teoría de la 14, 126, 132
Grupo Local 117

**H**
Halley, cometa 34, 46
Haltera Menor, nebulosa de la 52
HD 209458b 136
heliosismología 36
Herschel, Wilhelm 30, 84-85
Hertzsprung-Russell, diagrama de 54-55, 60
hipergigantes, estrellas 60
hipernovas 93, 106
Hubble, constante de 93, 96, 99
Hubble, Edwin 96, 98-99
Hubble, secuencia de 99

**I**
inflación 93

**J**
Júpiter 24-25
júpiter calientes 144-145

**K**
Kepler 10b 137
Kepler, Johannes 120
Kepler, misión 137
Kuiper, cinturón de 34

**L**
lentes gravitatorias 128-129
lenticulares, galaxias 74
lluvia de meteoros 13, 35, 48
longitud de onda 102, 122
Luna, la 20-21
luz 102-103
  y la técnica de captación directa de imágenes 148

**M**
macroscópico 137
manchas solares 35, 36
mares lunares *(mare, maria)* 12, 20
Marte 22-23, 150
materia oscura 92, 110-111, 131
Mayor, Michel 142
medio interestelar 74
Mercurio 14-15
Messier, Charles 80, 88
meteoritos 13, 42, 48
meteoros 13, 48-49
Michell, John 70
Mira 52, 58
MOND 93

**N**
nebulosas 53, 62, 75, 78-79
  nebulosa Anular 53
  nebulosa de la Haltera Menor 52
  nebulosa de Orión 75
  nebulosas difusas de formación estelar 74
  nebulosas planetarias 53
NEO 42
Neptuno 30-31
Newton, Isaac 120, 124
nichos ambientales 13
nova, explosión de 53, 58
nubes moleculares 78-79

**O**
objetos transneptunianos 40
Olympus Mons 22
Oort, nube de 35
órbitas 14, 120-121
Orión, nebulosa de 75

**P**
paralaje 118
pársec 118-119
patrón de luminosidad 75, 86
período orbital 35
Perseidas, lluvia de meteoros 35, 48
perturbación 137
planetas *véase* por nombres individuales
  enanos 40-41
  oceánicos 137, 146-147
Pléyades, cúmulo estelar 75
protoplaneta 13
Proxima Centauri 117
pulsantes, estrellas 58, 67
púlsares 64-65, 67

**Q**
Queloz, Didier 142

**R**
radiación infrarroja 85
radioestrellas 93
radiotelescopios 67
rayos X 104
  cósmicos 104-105
regolito 13
relatividad 126-127

**S**
Sagan, Carl 18, 140-141
Saturno 28-29
sistema de anillos 13, 28
Sistema Solar 85
Sol, el 36-37
supernova(s) 53, 68-69, 106
  remanente de 53, 68
súper-Tierras 137, 146-147

**T**
técnica de toma de imágenes directas 148
técnica dinámica 148
teoría del estado estacionario 93
teoría heliocéntrica 45
Tierra 18-19
  agua 18
  fuerzas de marea en la 20
  tectónica de placas 18
Titán 23
tolemaico, sistema 45
Tolomeo, Claudio 76
tránsito 137, 144
Triángulo, galaxia del 75

**U**
universo 90-113
  en expansión 96-97
Urano 30-31, 85

**V**
variables, estrellas 58-59
viento solar 38-39
Viking, sondas 150
Voyager 2 30
VY Canis Majoris 60

**Z**
zona convectiva 34
Zwicky, Fritz 130-131

# AGRADECIMIENTOS

El editor quisiera agradecer a las siguientes organizaciones la amabilidad de habernos dado permiso para reproducir imágenes en este libro. Hemos puesto especial cuidado en incluir los créditos de todas las ilustraciones; no obstante, pedimos disculpas por las posibles omisiones no intencionadas que pudieran haberse producido.

Imágenes de todo el libro: proporcionadas por ESA/Agencia Espacial Europea y NASA/cortesía de nasaimages.org

Corbis/Bettmann: página 98; Colin McPherson: página 66.
Fotolia: página 26.
Getty Images/Evelyn Hofer/Time Life Pictures: página 140.
Science Photo Library: páginas 30 y 81.

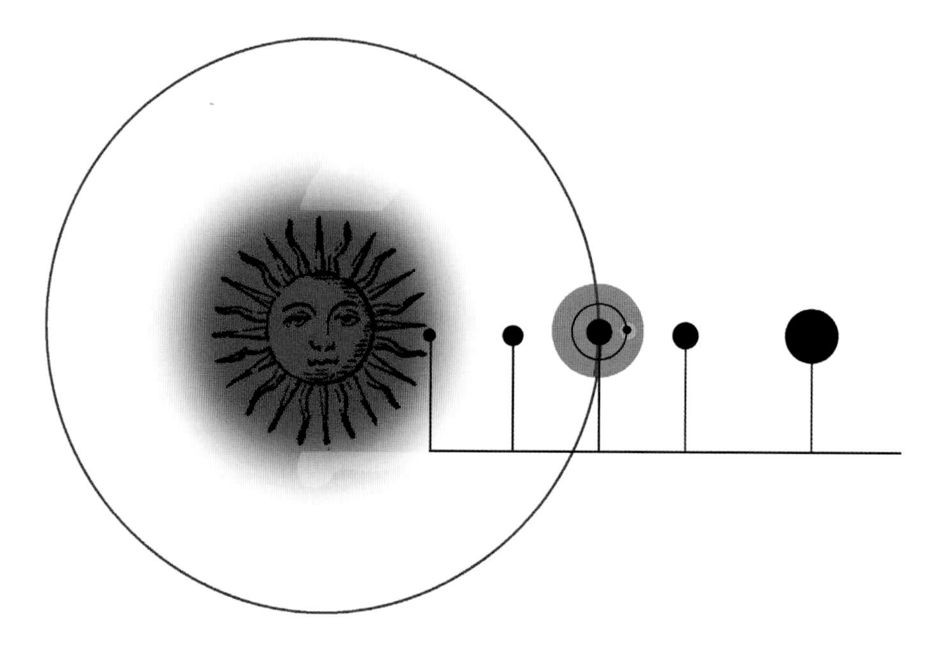